不用餵罐罐

就能知道的

趣味

生物故事

www.foreverbooks.com.tw

yungjiuh@ms45.hinet.net

資優生系列 42

不用餵罐罐就能知道的趣味生物故事

編　　　著	陳俊彥
出 版 者	讀品文化事業有限公司
責任編輯	賴美君
封面設計	林鈺恆
美術編輯	鄭孝儀

總 經 銷	永續圖書有限公司
	TEL ╱ (02)86473663
	FAX ╱ (02)86473660
劃撥帳號	18669219
地　　　址	22103 新北市汐止區大同路三段 194 號 9 樓之 1
	TEL ╱ (02)86473663
	FAX ╱ (02)86473660
出 版 日	2021 年 01 月
法律顧問	方圓法律事務所　涂成樞律師

國家圖書館出版品預行編目資料

不用餵罐罐就能知道的趣味生物故事／
陳俊彥編著. --初版. --新北市 ： 讀品文化,
民 110.01　面；公分. --（資優生系列：42）

ISBN　978-986-453-136-3 (平裝)

1. 生命科學　2.通俗作品

360　　　　　　　　　　　　　　109020054

　　動物幾乎都是由媽媽產出的，但是小海馬卻是個例外，牠是由海馬爸爸生的。每年到了繁殖季節，雄海馬的腹部皮膚就長出皺褶，形成一個孵卵囊，就像袋鼠的「育兒袋」。接下來雌海馬會把卵產在這個「育兒袋」中，此後，雄海馬就擔負起孕育孩子的責任。經過20天左右的孕育，小海馬發育完全，海馬爸爸就開始分娩了。這時，雄海馬已是疲憊不堪，牠用那能蜷曲的尾巴無力地纏在海藻上，依靠肌肉的收縮，前俯後仰。每向後仰一次，「育兒袋」便張開一次，小海馬就這樣一尾接一尾地被彈出體外。

　　海馬爸爸生孩子是有原因的，因為淺海裡的生存環境複雜而兇險，尤其在春、夏兩季，各種海生動物都要游到淺河裡來，進行一年一度的繁殖活動。相比較起別

的動物來，弱小的海生動物隨時可能被其他動物吃掉。雌海馬運用轉移法，將卵產在雄海馬的「育兒袋」裡，這就保護了後代的安全。同時，也加速了雌海馬再次產卵，如此天衣無縫的合作就能使種群一直保持著良好的狀態。

　　朋友們，你們看，一隻小小的動物，牠們雖然極其渺小卻也非常偉大，正是牠們開拓了我們的眼界，豐富了我們的頭腦，並給我們的生活帶來驚喜的改變。放眼望去，植物、動物、人、微生物……無數的生物構成了最生機勃勃的自然景象。從冰天雪地的南北極，到神祕濕熱的熱帶雨林；從蔚藍的海洋，到乾旱的大漠；從廣袤的天空，到熾熱的地下，所有的生物都奇蹟般地生長著、繁育著。這些生物都是我們的親密夥伴和良師益友。對於我們來說，知曉這些生物的祕密，瞭解牠們的故事，既有知識的收穫，又有樂趣的滿足。

　　本書將帶你進入神奇的生物世界，讓你知道誰是第一隻飛上天空的鳥，黃鱔為什麼先當媽媽後當爸爸，我們的身體是怎樣工作的，小小微生物的妙用……各顯神通的防禦術、驚世駭俗的生活特技、讓人難以想像的怪模樣等。這些一定使你大開眼界，歎為觀止。

CONTENTS

3 昆蟲就是蟲子嗎──奇異的蟲蟲部落

4 蛇可以吞下大象嗎──兩棲爬行類動物的營地

CONTENTS

5 動物界的主宰者──哺乳家族的檔案

8 恐龍為什麼會滅絕──有趣的生物謎題

自由飛翔的精靈

——美麗的飛鳥王國

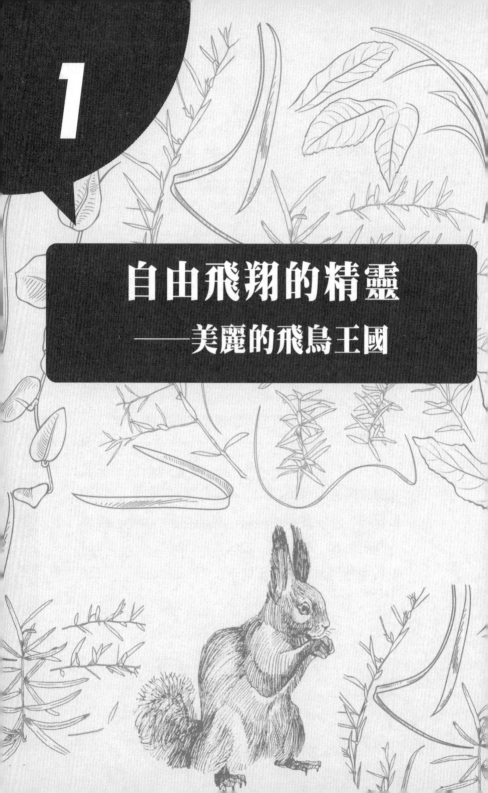

第一隻展翅飛翔的鳥

遠古時期的天空是寂靜的，藍天白雲中似乎缺少了一抹鮮活的影子。當海洋中充滿了各式各樣的動物，當一些動物從水中爬到陸地上時，遼闊的天空仍舊是靜悄悄的，沒有一丁點兒生命的氣息。

1億4千年前，侏羅紀晚期的時候，在今天的德國南部巴伐利亞地區，忽然有一個黑影掠過了低空。所有海裡的、地上的動物們都很驚訝，牠們以為那只是個幻覺。但再仔細看後，牠們才清楚地發現那不是雲，也不是風沙和霧氣，而是一隻動作非常笨拙的鳥兒。動物們驚訝得半天都合不攏嘴，牠們從來沒想過鳥兒能飛上藍天。那一刻，牠們確信：生命終於征服了天空，打破了億萬年漫漫長空的沉寂，大自然又一次創造了一個了不起的奇蹟。

　　那位征服天空的英雄，就是始祖鳥。牠飛起的地方，當時是一個海灣。海上波濤洶湧，浮游著許多魚兒。岸邊長滿了高大的蘇鐵樹和灌木叢，兇猛的恐龍在林間散步。有誰比得上牠，能夠扇著翅膀飛到湛藍的空中，成為新的天空的主人呢？

　　雖然翼龍也能飛，但那只是獵捕食物的猛然一衝，那又怎麼能稱得上是真正的飛行呢？況且這種笨拙的飛龍依靠前肢上的皮膜飛行，動作不如始祖鳥靈活，並且很快就隨著恐龍家族滅絕了，把天空舞臺讓給了始祖鳥和後來的各式各樣的鳥兒。

　　始祖鳥的個兒不大，和現在的野雞、烏鴉差不多大小。但是牠有一對大翅膀，一個長尾巴。

　　有趣的是，牠在翅膀上還有兩隻前爪，可以用來攀住樹枝和捕捉食物，這也就證明了牠是從爬行動物逐漸演變而成的。剛開始，牠的飛行技術並不高明，不能像老鷹似的在高空自由盤旋，也無法像燕子那樣掠地疾飛。牠只能在森林的樹枝間或是草地上短距離滑翔，是一個本領很差的飛行家。

　　但是始祖鳥並沒有氣餒，為了覓食和躲避敵害，牠一次次鼓起翅膀在林間笨拙地飛翔著。慢慢地，牠進化成了後來能自由自在飛翔的鳥兒。

尊 老愛親的鳥

中國自古以來就有「烏鴉反哺」的傳說，據說，小烏鴉長大開始獨立生活後，不會忘記自己「父母」的養育之恩，經常會給老烏鴉捎去美味可口的食物。

除了烏鴉以外，科學家發現其他一些鳥類也充滿孝心。南美洲哥倫比亞佛朗卡斯特森林中生活著一種令人難以置信的米利鳥。米利鳥的孩子們十分關心年老的母親，常常集體為母親搭建獨特的鳥床。孩子們先是一列列排好隊，第一排孩子先將自己尾巴上的一個好似小花環的圓環套進大樹頂的丫杈上，然後用嘴鉤住第二排「孩子」尾巴上的圓環。

就這樣，一排排孩子互相鉤著，直到最後一排孩子用嘴鉤住另一棵大樹頂上的丫杈為止。孩子們就這樣用

身體搭建鳥床，讓母親在舒適的床上安安穩穩地睡個好覺。

澳大利亞的彩虹鸚鵡和英國的禿鼻烏鴉等是以垂直的方向群棲的。在一個鳥群中，年輕的鳥會在低處停棲，而年長的鳥會在高處停棲。這樣做可以有效保護「父母」的安全，避免牠們受到來自地面天敵的突然襲擊。

美國的棕頭椋鳥和加拿大的紅翅鶇等鳥類是以水平的方式群棲，在一個鳥群中，牠們會讓年紀大的鳥棲息在最裡層，每當遭遇攻擊時，最裡層要比在外面安全的多。

蜂 鳥的懸空定身法

蜂鳥是世界上最小的鳥類，身體一般只比蜜蜂大一些，體重2～3克，所以人們稱牠為蜂鳥。

蜂鳥的窩巢像核桃那麼大，蛋只有豌豆大小，是個不折不扣的小不點。別看蜂鳥這麼纖小，牠的活動能力卻很強，每秒鐘扇動翅膀約60次。

更令人叫絕的是牠還具有「懸空定身」的特技，能靜止地「停」在空中。彷彿是站立在一個無形的支柱上。「停」在空中時，牠用自己細長的尖嘴吸取花中的汁液或是啄食昆蟲，這時在牠身體的兩側閃動著白色雲煙狀的光環，並發出特殊的「嗡嗡」聲，這是蜂鳥在不停地拍著雙翅而產生的光環和聲響。

蜂鳥能懸空定身的祕密就是在牠的雙翅上。蜂鳥的雙翅有一個轉軸關節和肩膀相連。而大多數鳥的翅膀關

節卻是幾乎不能活動的。在定身時，牠用雙翅前後划動。向前划動時，翅緣稍稍傾斜，產生了升力，而沒有衝力；接著雙翅在肩膀處轉向，向後划動，也產生了升力，而沒有推力。就這樣，蜂鳥不斷前後扇動翅膀，就能懸空定身不動了。奇妙吧？

蜂鳥除了會在半空中停留，還會高飛、遠飛和倒退著飛；還能像直升機那樣，垂直著上升和下降。蜂鳥這些獨特的本領，與牠身體微小的獨特的生理特點是分不開的。牠身體小，重量輕，但是翅膀振動卻十分有力，每秒鐘能急速振動50～70次，因此，牠飛行時產生的浮力與身體重量相等，使牠能在空中自由地進行各式各樣的飛行。

兒們的「螞蟻浴」

　　如果你看見一隻鳥的身上爬滿了螞蟻，千萬不要以為那隻鳥需要除蟲。其實，鳥兒是在用螞蟻洗澡呢！

　　世界上不僅僅是人類喜愛清潔，喜鵲、烏鴉、鸚鵡等鳥兒都喜歡用螞蟻洗澡的沐浴方式。人們經常可以看到牠們半展著雙翅或一隻翅膀，用嘴巴從地面上啄起一隻螞蟻，在翅膀下側來回摩擦，最後將螞蟻拋掉或者吞掉，再從地面上啄起另一隻螞蟻，重複以上的動作。

　　如果牠們感到這樣還不「過癮」的話，就乾脆掘開蟻穴，將雙翅向前觸地，讓大群螞蟻爬上翅膀，在羽毛中亂鑽亂咬，來給身體「洗澡」。對於這種現象，有人認為，蟻浴可以使鳥兒的羽毛變得光滑而又堅韌，有利於飛行。

　　但是較為普遍而讓人接受的解釋是：鳥兒的羽翅裡常常寄生了許多討厭的寄生蟲，這些寄生蟲讓鳥兒感到很不舒服，而螞蟻散發的蟻酸，會將這些不受歡迎的來客驅逐出去。所以鳥兒們對這種螞蟻浴樂此不疲。

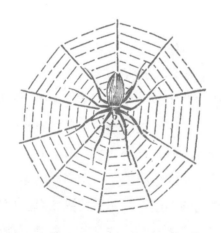

鳥類王國的蒙娜麗莎

鳥也會微笑？沒錯。有一種鳥，呈弧形上彎的喙看起來好像是帶著一個神祕的微笑。這種鳥的活動範圍非常小，並且棲居於偏遠的山區，因此對微笑鳥的觀測記錄一直非常有限。

甚至於在1965年至2004年期間，因為不見牠們的蹤影，人們一度認為牠們已經滅絕。可是在消失了約四十年之後，科學家終於在哥倫比亞城鎮奧卡納附近毗鄰托柯洛馬神殿的自然保護區發現了這種鳥，該保護區占地約一百零一公頃。

儘管美洲野生鳥類保護協會的保羅·薩拉曼說：「當越來越多的原始森林被野蠻開發的時候，這種瀕危的奇特微笑鳥提醒我們要盡最大努力保護所剩無幾的野生動物棲居地。因為也許有很多奇特罕見的物種在我們

發現牠們以前就被人類活動逼上了滅絕之路」。

　　可是，這個保護區並沒有受到過多的破壞，反而成為了野生動物的庇護所。

　　原來，在1709年，在地居民在保護區附近的一棵樹的樹根上發現了聖母瑪麗亞的圖案，於是在這裡修建了天主教神殿。幾個世紀以來，因為神殿的關係，這裡受到了天主教會的保護，附近的森林才倖免於難，罕見的動物才會出現在這裡。

鳥群為何要集體自殺

2007年9月，在中國大連老鐵山自然保護區的一個海濱輪渡工地上，莫名多了100多隻死鳥。工人們請來旅順口區農林局的專家們進行勘察，專家們卻是被眼前的景象嚇壞了：這些鳥大都是剛死亡不久，身體還是溫暖的，也沒有發現槍彈和傷口。有的鳥兒，甚至還在撲騰著翅膀！

為了徹查事情的真相，專家們對這些死鳥進行了品種對比，他們發現這裡的死鳥形體不同，品種不同，但有一點相同的便是都是候鳥，沒有一隻是在地的鳥類。這些鳥為什麼會死在工地上，而且身上沒有傷痕，不會是人為捕殺。如果不是有人捕殺，那會不會是鳥群當中爆發了某種可怕的瘟疫呢？

難題還沒解開，工地上又傳來了壞消息，連著三

天，每天都能在工地上發現100多隻死鳥。在多次研究後，旅順區的動物檢疫站站長陳啟輝得出了結論：這些鳥是一頭撞死的，牠們的顱部有出血跡象，有的鳥顱骨已是全部撞碎，十分慘烈。

原來，候鳥撞死的那一片地方有三幢藍色的樓房，在工地晚上燈光的映照下，十分像藍天，候鳥誤以為樓房是藍天，在晚上飛行的候鳥，路過工地時，被工地如白晝的燈光照的暈頭轉向，忽然發現了前方一片藍天，自然是爭先恐後的要飛過去，這也就是慘劇釀成的真正原因。

無法原地起飛的大鳥

鳥類有大有小，根據最新的研究成果發現，世界上最大的鳥應該是阿根廷巨鳥，重達150磅重（約合70公斤）。帶著這樣巨大的身體飛行真可謂是困難重重，所以，對於這種鳥來說，原地起飛就是一件不可能的事情。

儘管阿根廷巨鳥擁有強勁的飛行肌肉和寬達21英尺（約合6.4公尺）的翼展，但過重的身體使得牠們無法在地面上造出足夠的升力。

為了解決這個問題，這種鳥只能滑翔起飛，來自於魯伯克的德克薩斯州科技大學的科學家桑科爾·查特里說：「這就像人類操縱滑翔機的原理一樣，阿根廷巨鳥透過沿著山坡滑跑並借助順風而起飛。」

這種600萬年前，生活在如今安第斯山區和阿根廷

境內潘帕斯草原地區的巨大鳥類，雖因為個體體型的過大，而無法原地起飛，但牠們一旦飛上高空，便不再笨拙，絕對是滑翔飛行的好手，類似於專業的滑翔機。

科學家們透過測量阿根廷巨鳥的化石資料，得出了以上的結論，而且他們還發現這種鳥類的飛行過程和飛機起飛的原理是十分類似的。

幫助人們放牧的鶴

20世紀80年代，在蘇聯的一個村莊，有一隻鶴，名叫「若拉」。這可不是一隻普通的鶴。說牠不普通，是因為牠能幫助人們牧羊。相信人們都聽說過犬牧羊，卻沒聽說過鶴也能牧羊吧？可是若拉卻能，牠每天從早到晚一刻也不離開自己放牧的羊群，要是有一隻羊跑遠了，「若拉」立即就會張開雙翅撲過去，使這隻羊乖乖地回到羊群。

其實若拉來到這個村莊也是一次偶然。

有一年春天，切霍維奇在一塊草地上發現了一隻鶴，當時牠躺在草地上，翅膀受了傷。切霍維奇想救治這隻鶴，於是就把鶴帶回家，為牠熬藥治傷，並和孩子們一起細心地照料牠，並幫牠取了個好聽的名字──若拉。

　　孩子們都很喜歡若拉，每當去放牧時，常常把若拉帶去，孩子們或許由於好玩，就指揮若拉去趕回跑散的羊群，若拉很聰明，很快學會了這一切。

　　很快秋天到了，鶴群飛經這個村子上空。若拉一衝而起，向鶴群飛去。但在空中盤旋了3圈以後，又回到地面。

　　牠沒有跟鶴群走。冬天，牠就和切霍維奇的家禽棲居在一起，與家禽友好相處。第二年春天，鶴群再次飛過村莊上空，可是若拉再也不想回到鶴群中去了。牠與這一家人建立起了深厚的感情，每天早晨飛到草地羊群中，執行自己的放牧任務。當地人也都很喜歡牠，親切地叫牠「放牧者若拉」。

會下金蛋的雞

國農民艾爾弗雷德‧哈斯一夜之間變成了百萬富翁。這在當年可是引起了不小的轟動。

他在1957年時用很低的價錢在巴伐利亞州買下了一片荒廢的土地，經營一個大型養雞場。幾個月以後，哈斯養的雞開始下蛋了。

有一天，他去收蛋時，意外地發現有一個蛋在陽光下閃閃發光，蛋殼像黃金一樣。哈斯感到很訝異，就將蛋拿回家中，當成收藏品收藏起來。

可是第二天，哈斯在雞舍發現了更多的金殼雞蛋。他大惑不解，趕緊把蛋送到城裡去檢測。金店的技師經過檢測，發現哈斯送來的雞蛋含金量很高。因此，哈斯的養雞場出產金蛋的消息一下子就傳開了。四面八方的人都擁到他的養雞場看這奇特的現象，並購買金蛋。

　　剛開始時，哈斯按含金量賣；後來，他動了動腦筋，將金蛋包裝一下，作為珍品出售，一下子就發了大財。遊客們一打一打地買金蛋，哈斯的金蛋幾乎供不應求了。為了擴大養雞場的規模，哈斯決定修建一個更大的現代化養雞場。工人們挖地基時才發現，養雞場下是一個儲量豐富的金礦床。原來，哈斯的雞是因為吃了金礦粉，所以生下的雞蛋的蛋殼裡才包含了許多金子，成為了金蛋。

　　從那以後，哈斯搖身一變，從養雞場場主變成金礦老闆，成了百萬富翁，是那些會下金蛋的雞給他帶來了好運。

科學實驗室・實驗一
模仿鳥兒的叫聲

　　鳥兒的叫聲清脆婉轉，下面我們就來做一個模仿鳥兒鳴叫的遊戲。

▶ 你需要準備的材料

　　2個紙杯、膠帶、小刀、吸管。

實驗步驟

一、將紙杯倒過來，在杯子的底部劃一個長約1公分的
　　三角形小孔。

二、將吸管平放在杯底上，吸管口對著三角形小孔的一
　　角，並用膠帶固定好，用膠帶把兩個紙杯杯口相對
　　黏在一起，密封好。

三、用吸管吹氣，就會聽到逼真悅耳的「鳥叫聲」了。

實驗大揭祕

　　紙杯能夠發出鳥兒的鳴叫，是由於兩個紙杯黏合在一起後，便成為一個封閉的共鳴箱。我們借助吸管將空氣透過三角形小孔，傳入杯內。杯內的空氣受到振動形

成聲波，而聲波在封閉的空間能產生共鳴，聲音強度就變大，於是傳出「鳥叫聲」。

科學小常識

　　其實共鳴這個詞在文學領域也有它的引申義。在文學理論中，通常是指文學接受過程中出現這樣的兩種情況：一是讀者為作品中的思想感情、理想願望及人物的命運遭際所深深打動，從而形成一種強烈的心理感應狀態；二是指不同時代、不同民族、不同身分的讀者，在閱讀同一作品時，產生大致相同或相近的情緒激動和審美感受現象。

　　比如我們閱讀文學名著的時候，常常會被作品的人物或者思想深深打動，有了感同身受的情感波動，這就是共鳴。

科學實驗室・實驗二
飛翔的鳥兒

你知道鳥兒為什麼能夠在天空飛翔嗎？

▶ 你需要準備的材料

1張白紙，1把剪刀，1把尺。

一、用剪刀剪一條兩公分寬的紙條。

二、把紙條的一端貼在嘴巴的下方。

三、向著紙條吹氣。你會發現，紙條會向上飄起來。

實驗大揭祕

　　氣流運動得越快，在氣流經過的地方，空氣的壓力就會越小。當你向紙條吹氣時，紙條下面的空氣壓力不變，但是紙條上方的氣流加快，空氣壓力變小，所以紙條的下方的空氣就會向紙條上方施加壓力，使紙條向上飄動。而鳥兒的翅膀的形狀可使其上方的空氣快速流動，但上方的空氣快速流動時，就會產生向上推起的力量，所以鳥兒能夠在空中飛起來。

大多數鳥類都會飛行，少數平胸類鳥不會飛，特別是生活在島上的鳥，基本上也失去了飛行的能力。在會飛的鳥中，飛行最高的要算禿鷲了，飛行高度可在9000公尺以上。飛行最快的是蒼鷹，短距離飛行最快時速可達600多公里。飛行距離最長的則是燕鷗，可從南極飛到遙遠的北極，行程約1.76萬公里。

科學實驗室・實驗三
站著睡覺的鳥兒

如果你和鳥兒比賽坐著睡覺而不歪斜身體，你猜誰會取勝？

▶ 你需要準備的材料

1隻雀鳥，1把椅子。

實驗步驟

一、找到一隻正站在樹上睡覺的雀鳥。

二、把椅子搬到樹下。

三、坐在椅子上睡覺，並使上身挺直，看看是你還是雀鳥的身子先歪斜。其實，無論你怎麼和雀鳥比，最終失敗的都會是你。

實驗大揭祕

為什麼雀鳥能站在樹枝上睡覺而不掉下來呢？這主要是因為雀鳥腳跟上的肌腱長得非常巧妙。牠們從大腿長出的屈肌腱向下延伸，經過膝，再至腳，一直繞過踝關節，直達各個趾爪的下面。擁有這樣的肌腱，其實也

就是意味著在休息的時候，身體放鬆時其身體的重量足以使牠們自然屈膝蹲下，拉緊肌腱，於是趾爪收攏，緊緊抓住樹枝，這種情況下，即使牠們睡著了，也還是可以穩穩站在樹枝上而不會掉下來。

科學小常識

鳥兒的睡眠和人類的有所不同，鳥的睡眠通常是一連串短暫的睡眠。最為有趣的是雨燕在飛翔的時候也是可以睡著的。

2

色彩斑斕的水下世界

——神祕的水族生物

昔日的大海主人

明朝末年的一個春天，一位名叫張華東的人到泰山去遊覽，他東瞧瞧西看看，完全沉醉於大自然的鬼斧神工之中，忽然他瞧見河水裡有一塊大石頭上嵌著兩隻「蝙蝠」。他感到很奇特，把那塊石頭撈起來仔細一看。石塊背面竟有上百隻同樣的「蝙蝠」。他意識到這不是真正的蝙蝠，而是一種陌生的長得像蝙蝠的小動物。他把這塊石頭拿回家並取名叫做「蝙蝠石」，後來他又用這塊石頭製作了一個硯臺，整天愛不釋手，喜愛得不得了。

其實，他並不是第一個發現這種「蝙蝠石」的人。早在中國晉代，山東就有人用這種石頭造硯臺了。這種「蝙蝠」的真實名字叫三葉蟲。三葉蟲和現代的蠍子、蜘蛛一樣，是一種節肢動物。牠的幾丁質外殼上有兩條

深深的背溝，把整個身體縱分成中間的軸葉和兩個側葉，又橫分為頭、胸、尾三部分。不管橫看還是豎看，都是三片，所以古生物學家給牠們取名叫做三葉蟲。

三葉蟲的頭上有眼睛和活動頰，有的還有一對尖尖的頰刺。胸部是由許多體節組成的，這樣一來就有利於牠們蜷曲起來保護肚腹。三葉蟲的尾部有大有小，有的有尖銳的尾刺，呈半圓形、新月形或燕尾形等。根據體形不同，古生物學家又把三葉蟲分為許多種類，每一種都有特殊的名字。例如頭部有許多瘤狀突起的王冠蟲，眼睛長在頭部後端的斜視蟲，大頭小尾胸節多的萊得利基蟲，腦袋像蛤蟆、尾巴像蝙蝠的蝙蝠蟲等。

三葉蟲的成長也很奇特，牠們是靠一次又一次的蛻殼長大的，個兒變化很大。一般只有幾公分長。最大的「巨人」可以達到70公分，最小的卻不過幾毫米，在放大鏡下才能看清楚牠的尊容。

別看牠們只是一隻隻微不足道的蟲，卻是5億年前寒武紀時期大海的主人。牠們絕大多數生活在暗沉沉的海底，把扁平的身體貼在泥地上緩慢爬行，也有一些種類在海面順水漂流，或是在鬆軟的泥沙裡鑽來鑽去，生活各不相同。奧陶紀後，隨著兇猛的肉食性動物的出現，弱小的三葉蟲慢慢退出了豐富多彩的生物界。

黃鱔的「變臉法」

黃鱔最有趣的地方要數牠的性別了，從一群黃鱔中我們可以發現，粗壯的大黃鱔都是雄的，而細小的黃鱔卻都是雌的。也就是說黃鱔中沒有「小男孩」和「老太太」。原來，在黃鱔的一生中，是先當媽媽，後來又變成了爸爸的。從卵孵化出來的小黃鱔條條都是雌的，待小黃鱔發育成熟，當了媽媽，產完了卵後，牠的生殖腺開始變化，卵巢演化成為精巢，變成了雄的，不能產卵而只能排精了。這種性別的變化，成為整個黃鱔種族生長的規律也是牠們的一大奇觀。

據人們測定，長20公分以下的黃鱔都是雌性，長到22公分的時候，就逐漸開始變性了。長到30～38公分時，雌雄各占一半。53公分以上就全都是雄性了。

每到春天，是黃鱔產卵繁殖的季節。牠喜歡清淨的

水質和環境，常潛伏在泥洞或石縫中。洞穴口有一堆像飯碗大小的肥皂泡沫般的東西浮在水面上，這是黃鱔吐出來的黏液和泡沫。離這個洞口（前門）幾公尺的地方，還有另一個洞口（後門），這是為逃跑特意造的。一旦前門來了敵害，牠就從後門溜走。

如果我們在夏天的晚上，到水田邊走走，就會看到黃鱔出來乘涼、覓食，會發出一種「咕、咕」的聲音。牠不時在淺水中豎直前半截身子，把嘴伸到水面上吸空氣，把空氣貯存在口腔和喉部，這時喉部顯得特別膨大。牠的鰓已經退化，而口和喉腔的內壁表皮也能在水中進行呼吸，不會因長時間待在水裡窒息而死亡。

如果秋天來臨，稻田裡的水被放乾了，鱔魚就鑽到泥洞裡去。這時候，牠用自己的糞便——一種細膩而稍呈灰色、帶有光澤的東西來封住自己的洞口，像一個小饅頭那樣，微微隆起在泥地上。然後，牠就可以安安靜靜地在洞裡冬眠啦！

歐 洲鯽魚的變形策略

　　一條豹魚（白斑狗魚）在水中不停地游動著，強壯的外表卻掩飾不住饑腸轆轆。兩隻彷彿要發出綠光的眼睛正在尋找合適的獵物。終於，一條細長而又顯得毫不戒備的小魚出現在牠的面前，豹魚高興極了，牠想：「真是一頓合適而又容易到嘴的美食，只需一口就可以將獵物吞到肚子裡。」但正如許多捕食者面臨的問題一樣，豹魚首先要弄清楚獵物身體的高度和寬度是多少，從而確定牠的嘴到底能張多大。

　　但當豹魚張開嘴準備享用美食時，牠突然發現眼前的獵物已經變大而無法吞入了，於是牠改變策略，轉身向獵物細小的尾部進攻，後來，牠終於成功地吞下了獵物的尾部，但獵物變高的身體卻卡在牠的口中使牠無法嚥下，最後豹魚只能無奈地將獵物吐了出去，牠感到非

常驚訝和不可理解！

　　事實上感到驚訝的不僅是豹魚，當科學家觀察到這一現象時也十分驚訝，在池塘裡以鯉魚為食的豹魚與這種小魚遭遇時，小魚的身體會立刻膨脹，直到豹魚無法將牠吞下。可以改變形狀保護自己的動物有珊瑚、藤壺、水蚤和蝸牛這些無脊椎動物，可科學家們驚訝的是具有這種能力的居然是一種魚類，這種魚類也是被發現有這種能力的第一種脊椎動物。

　　這些讓人有些迷惑不解的小魚，就是歐洲鯽魚。

　　歐洲鯽魚是與金魚相近的一個品種。近來，人們透過不斷研究發現，歐洲鯽魚的祖先應該是中國的金魚，也就是中國的野生金鯽魚。金魚大約是3個世紀以前被引進歐洲的，那時的歐洲是沒有鯽魚的，後來有一部分飼養的金魚流入歐洲河流，牠們經過多年的野外生活、繁殖，於是就恢復了其野生祖先的形態特徵，從而就有了歐洲最早的鯽魚。

美麗的螫人魚

張老太太的兒子從外面買回幾條熱帶魚養在家裡，這幾條熱帶魚色彩鮮豔，非常美麗。尤其是其中一條獅子魚，更是惹人喜愛。這天下午老太太做飯的時候，在魚缸旁邊看了一會兒魚，不知怎麼就把牆上掛的小裝飾品碰到魚缸裡了。她急忙伸手去拿，不料被那條小獅子魚「咬」住了小手指。

可憐的老太太完全沒想到這魚竟會咬人，更不知道還是條毒魚了。大驚之下急忙用力甩脫，但小手指已被咬破了皮，流了幾滴血。老太太當時也沒當一回事，繼續做家務。可不到一刻鐘，就感覺呼吸急促，被咬的手臂也逐漸麻木了。

一向身子骨硬朗的老太太還以為這是自己剛才受驚嚇後的心理作用，沒有特別在意，約過了十分鐘左右，

老太太感到兩眼發黑，渾身乏力。她急忙向家人說了剛才的情況，豈料說著說著就昏倒在地上。

家人迅速把老太太送到醫院進行搶救。據醫生介紹，獅子魚雖然外表美麗，但若咬破人的手指或其魚刺刺破人的皮膚後十分鐘左右，可引起受傷的整個上肢紅腫、疼痛，若不及時處理，可迅速導致心臟麻痹，有生命危險。

老太太因搶救及時，幸無大礙。因此一旦獅子魚傷人，就會導致劇烈疼痛和嚴重的腫脹，並使組織壞死，最後造成截肢甚至死亡。所以，萬一被獅子魚所傷，必須盡快就醫。

小 海馬是爸爸生出來的

沒見過海馬的人，一聽到海馬這個名字，一定會認為牠是一個龐然大物。其實，牠的個頭很小，最大的也不過一尺左右，只是頭部與馬長得一模一樣，才有了這個響亮的名字。海馬屬於魚類，頭像馬，身子像蝦，全身沒有魚鱗，只有堅硬的甲冑，身體無法彎曲，只有尾部的末端可以自由活動。

動物幾乎都是由媽媽產出的，但是小海馬卻是個例外，牠是由海馬爸爸生的。每年到了繁殖季節，雄海馬的腹部皮膚就長出皺褶，形成一個孵卵囊，就像袋鼠的「育兒袋」。接下來雌海馬會把卵產在這個「育兒袋」中，此後，雄海馬就擔負起孕育孩子的責任。

經過20天左右的孕育，小海馬發育完全，海馬爸爸就開始分娩了。這時，雄海馬已是疲憊不堪，牠用那能

蜷曲的尾巴無力地纏在海藻上，依靠肌肉的收縮，前俯後仰。每向後仰一次，「育兒袋」便張開一次，小海馬就這樣一尾接一尾地被彈出體外。

　　海馬爸爸生孩子是有原因的，因為淺海裡的生存環境複雜而兇險，尤其在春、夏兩季，各種海生動物都游到淺河裡來，進行一年一度的繁殖活動。相比較起別的動物來，弱小的海生動物隨時可能被其他動物吃掉。雌海馬運用轉移法，將卵產在雄海馬的「育兒袋」裡，這就保護了後代的安全。同時，也加速了雌海馬再次產卵，如此天衣無縫的合作就能使種群一直保持著良好的狀態。

怕的食人魚

很多年前，一位探險家在亞馬遜河叢林茂密的河邊目睹了駭人的一幕：一隻攀爬在藤蘿上的猴子不小心掉到河裡，掙扎了幾下就突然沉入水底，水面上血色蕩漾。

好奇的探險者希望知道是什麼把猴子拖到水底然後悄無聲息地吃掉。於是他就把一頭山羊用繩子綁住推入水中。僅僅幾秒鐘，湖水便猛烈地翻騰起來。五分鐘後，他拉起繩子一看，只剩下一具山羊的骨骸，肉已被啃得乾乾淨淨。

讓他感到奇特的是：山羊的胸腔骨裡有幾條形狀怪異的小魚在掙扎跳躍，牠們掉在草地上後還在亂跳，碰到什麼就咬什麼。這個驚人的發現拉開了文明社會認識「食人魚」的序幕。

食人魚原分佈於南美洲北部的熱帶水域，包括亞馬

遜河流域以及巴西和圭亞那等國的沿海水系。由於其幼體體色美麗，並具有群聚生活的習性而受到人們喜愛，是世界許多地方的常見觀賞魚。但該魚生性兇猛，牙齒鋒利，以其他魚類為食，常成群攻擊過河的人和牲畜。

在巴西有15種食人魚，牠們的個頭在18～45公分之間。巴西人俗稱「皮拉尼亞」，在印第安圖皮族語中，它的意思是「割破皮膚的」。的確，當地的印第安人經常把食人魚的牙齒當小刀來用。

1986年，一個名叫杜琳的女探險家來到祕魯亞馬遜地區進行科學考察，有一天她在一個僻靜的湖邊停住腳步，想要下水去，一切都準備好後，只聽當地印第安人酋長邊跑邊大聲疾呼：「巴那！巴那！」酋長粗魯地衝過來抓住她，後來她才知道，在祕魯土話中，「巴那」是指食人魚。

酋長跑到杜琳跟前，看到她懷疑的樣子，便將手中剛獵到的一隻大鳥綁在繩子上，拋到湖裡，並將繩子的一端交給不知所措的杜琳。

可怕的情況出現了：湖水立刻激盪起來，她感到有一股強大的力量將繩索往水下扯，但可以肯定的是，那絕不是那隻鳥的掙扎。

不一會兒，這股力量消失了，她把繩子拉了上來，大鳥被吞食得只剩下骨架，這位女探險家嚇出了一身冷汗。

分 身有術的海星

海邊，我們常常能撿到一種手掌大小、顏色鮮豔、長得很像五角星的動物——海星。

海星是一種生活在海底的無脊椎動物，全世界共有1000多種。海星的體型很怪，沒有腦袋，也沒有尾巴。整個身體又扁又平，好像多角形的星星。

海星身體的中央部分叫體盤，從體盤上長出一條條腕，我們常見的海星大多是5條腕，但最多的有50條腕。在海星身體向下的一面，正中央有個口；而向上的一面則顏色比較鮮豔，表面長滿圓圓的小突刺。

海星生活在海底泥沙灘上或岩石縫中。牠看上去好像永遠靜止不動，其實牠能依靠腕下面的管足緩慢移動。大約每分鐘能爬行5～8公分。

海星的每條腕上都長著紅色的眼點，這有著眼睛的

作用，能感覺光線。眼點的周圍長有短小的觸手，具有嗅覺作用。當海星遇到螺、貝殼等牠喜愛的食物時，觸手會立即感覺出來，然後，海星就用腕把獵物抓住裹緊，最後才張口吃進去。

海星最奇特之處就在於牠有極強的再生本領。當海星以腕代足在海底運動時，如果牠的腕被石塊壓住或被天敵咬住，牠會將腕自動折斷，分身逃命。而缺損的腕經過一段時間後會重新長出來。如果把海星撕成幾塊拋入海中，每一碎塊都能很快長成完整的新海星。

海星是貝類的天敵，常常吃掉養殖場中的貝類，有的漁民不瞭解海星有再生能力，抓住海星後往往憤怒地將其「五馬分屍」，殊不知這卻幫了海星的大忙，海星會更迅速地繁殖起來。

科學家們正在探索海星再生能力的奧祕，以便從中得到啟示，為人類尋找一種新的醫療方法來。

逃 跑有招的海參

在動物世界裡，「弱肉強食，適者生存」是一條非常殘酷的競爭法則。當老鼠遇到貓，綿羊遇到老虎時，十有八九是難逃一死的。

不過這世界上的事也不總是那麼絕對，有些看來十分「無能」的動物，卻也有著令人叫絕的保命「法寶」。看似柔弱的海參就是個例子。

海參的名字是中國古代人取的，牠們深居海底，不會游泳，只是用管足和肌肉的伸縮在海底蠕動爬行。爬行速度還相當緩慢，一小時也走不了3公尺路程。並且牠生來沒有眼睛，更沒有震懾敵人的銳利武器。那麼，億萬年來，在弱肉強食的海洋世界中，牠們是如何繁衍至今而不絕滅的呢？今天，就看看我們的主角小海參魯魯的故事吧！

　　這天，魯魯剛剛從家裡出來，想到附近散散步，不想卻遇到了貪婪兇惡的大鯊魚飛龍，飛龍一看到魯魯便垂涎欲滴，他衝上前去就想抓住魯魯。

　　魯魯一看拔腿就跑，可是牠怎麼跑得過飛龍，眼看就要被捉到了，魯魯反而不跑了，很鎮定地停在那裡，只見牠迅速地把體腔內又黏又長的腸子、樹枝一樣的水肺一股腦兒地噴射出來。飛龍張開血盆大嘴，將這些美味大口大口的吞了下去，口裡還念叨著：「不錯，算你識相，自己送上門來，不讓我光吃這些怎麼行，我可是不會手下留情的啊！」說著，飛龍又撲了上去，可是奇怪的是，這下連魯魯的影子都不見了。

　　原來魯魯是有絕招的，當遇到強敵的時候，牠會放棄自己的內臟，在對手飽餐的時候，自身則借助排臟時的反衝力，逃得無影無蹤。

　　當然，沒有內臟的空軀殼海參並不會死掉，大約經過50天時間，又會生出一副新內臟，以原有的模樣出現在海洋生物大家族之中。

金魚和水草的相依

你知道什麼叫做生態環境嗎？待做完這個實驗，你自然會明白了！

▶ **你需要準備的材料**

2條金魚，2根水草，3個帶蓋的大玻璃杯，一些乾淨的河水或池塘水，一些泥沙，一些膠帶。

一、在三個玻璃杯中裝入2/3杯水和適量的泥沙。

二、在第一個玻璃杯中放入一根水草。

三、在第二個玻璃杯中放入一條金魚。

四、在第三個玻璃杯中放入一根水草和一條金魚。

五、將三個玻璃杯都蓋上蓋子，並用膠帶密封，以防漏氣。

六、將玻璃杯都放到陽光充足，但又不被陽光直接照射的地方。

七、仔細觀察三個杯子中的情況，一段時間後，你會發現，金魚和水草放在一起的玻璃杯中的水草和金魚都正常地活著，而其他兩個玻璃杯中的水草和金魚都死了。

實驗大揭祕

　　在密封的環境下，水草和金魚是相互依存的。金魚的呼吸和排泄物為水草提供了二氧化碳和養分。

　　水草利用陽光、金魚呼出的二氧化碳和水進行光合作用，產生有機物，釋放氧氣，這為金魚的生存提供了必要條件。所以，只有水草和金魚在一起，牠們才會生存下來，如果將兩者分開，牠們就無法存活。

科學小常識

　　水生植物有挺水、浮葉、沉水等生活型。

　　挺水植物指根生底質中、莖直立、光合作用組織氣生的植物生活型；浮葉植物為莖葉浮水、根固著或自由漂浮的植物生活型；沉水植物指在大部分生活週期中植株沉水生活、根生底質中的植物生活型。

科學實驗室・實驗二

復活的小龍蝦

冰凍在冰箱裡的小龍蝦為什麼凍不死呢？

▶ 你需要準備的材料

1隻小龍蝦，1個碗，1台冰箱，1隻吹風機，一些水。

實驗步驟

一、把小龍蝦放到碗中，並在碗中倒入大半碗水。

二、把碗放到冰箱中冷凍，過一陣子，水就變成了冰，小龍蝦就被卡在冰中，完全被凍住了。

三、把碗從冰箱中拿出來，放到自來水水管下面，用大流量的水進行沖刷，不一會兒，冰塊被沖出了一個大窟窿，隨著水的不停沖刷，冰塊也慢慢化開了。

四、將小龍蝦慢慢地拿起來，然後用吹風機的熱風將牠烘乾。過沒多久，小龍蝦便逐漸有知覺了，開始抖動八隻腳，隨後又蠕動身體，完全活過來了！

實驗大揭祕

小龍蝦是一種冬眠動物，牠一旦處於冬眠狀態，血液便停止了循環，直到溫度變暖了才會甦醒過來。

當小龍蝦被冰凍時，由於周圍的溫度下降，牠就會進入冬眠的狀態。而解凍後，用吹風機的熱風將牠吹乾時，周圍的溫度就會急劇上升，當達到一定程度後，牠又會甦醒過來。

科學小常識

小龍蝦原產於美國南部的路易斯安那州。

1918年，日本從美國引進小龍蝦作為飼養牛蛙的餌料。第二次世界大戰期間，小龍蝦從日本傳入中國。

科學實驗室・實驗三
青蝦變紅蝦的奧祕

　　從市場上買回來的蝦都是青色的，經過烹飪後這些蝦都變成了紅色。這是為什麼呢？

▶ 你需要準備的材料

　　幾隻活蝦，1個湯鍋，1台瓦斯爐，一些自來水。

實驗步驟

一、仔細觀察蝦的顏色，你會發現牠們全是青灰色的。

二、往鍋裡加入適量的水。

三、把蝦放進鍋裡。

四、在瓦斯爐上將蝦煮上幾分鐘。

五、關掉爐火，打開鍋蓋，你會發現，鍋中的蝦全部變
　　成紅色的了。

實驗大揭祕

　　蝦的外殼中有很多的色素，這些色素大多數都是青黑色的。而我們把蝦放進鍋裡煮過之後，這些色素在高溫的情況下都被破壞了，只剩下不怕高溫的紅色素。因此，青蝦就變成了紅蝦。

　　一般的蝦都是游泳的能手，能用腿做長距離游泳。牠們游泳時那些游泳足像木槳一樣頻頻整齊地向後划水，身體就徐徐向前驅動了。受驚嚇時，牠們的腹部敏捷地屈伸，尾部向下前方划水，能連續向後躍動，速度十分快捷。當然，也有的蝦不善於游泳，大龍蝦多數時間在海底的沙石上爬行。

3

昆蟲就是蟲子嗎

——奇異的蟲蟲部落

昆蟲就是蟲子嗎

很多人把蜘蛛當成昆蟲，其實這是不正確的。如果把蜘蛛叫做昆蟲的話，想必蜘蛛聽了後心情可能會很糟，甚至還會發火，咬牙切齒地說：「我也十分討厭猴子。」

我們當然都知道，雖然猴子和人的樣子有點像，但畢竟不是人，同樣，蜘蛛和昆蟲長得很像，但蜘蛛並不是昆蟲。因為只有具備了一定的條件才可以稱得上是昆蟲。

首先牠的身體應該可以被分為頭部、胸部、腹部三部分；其次牠必須要有三對腳和兩雙翅膀；然後呢，牠們的頭部必須要有一對觸角和複眼。

如果滿足了這個標準的蟲子就可以被稱為昆蟲了。那麼蜘蛛為什麼不是昆蟲呢？

因為蜘蛛並不擁有昆蟲的特徵，牠有四對腳，沒有翅膀，而且身體也只能分為頭部和胖胖的如圓口袋般的腹部兩部分。

像蜘蛛這樣因為模樣很像昆蟲而很容易被誤認為昆蟲的還有很多，比較具有代表性的就是蜈蚣和馬陸。

蜈蚣和馬陸都是有很多條腿、在地上緩慢地爬行的蟲子，只要數一下牠們腳的數目就可以很快知道牠們不是昆蟲了。蜈蚣一般有30條腿，而馬陸的腿則多達200條，因種類的不同，腿的數目也不盡相同，所以牠們就更不能算是昆蟲了。

屎殼郎建奇功

20世紀80年代，中國的農牧專家去澳大利亞考察。他們在羊毛產地，先聽了飼養科技學術講座，然後又進行實地考察，在飼養場看到無邊無際的羊群時，中國專家都十分驚訝。而後又為另一種景象所震撼了：撲頭蓋臉的馬蒼蠅無計其數，團團圍住參觀者嗡嗡亂碰，大家瞠目而視，實在讓人窒息。

牧場的主人十分尷尬，他無奈的解釋道：因為殺蟲劑對牲畜有不好的影響，所以他們不能使用殺蟲劑對付蚊蟲，但又想不到更好的辦法滅蚊蟲，這就使得蒼蠅蚊蟲成災。在中國考察團回國之前，牧場主人請教中國是否有最有效的方法治理這種問題。

這是個難題，當時的專家一時也想不到合理的辦法，團長便答應回國後，請示農業部長再作正式答覆。

考察團回國後，專家們絞盡腦汁認真研究著「蒼蠅」問題，反覆實驗過多種藥品，都未達預期效果。

但一位年青農民專家卻提議用「屎殼郎」搬家。他認為以生態治理，能使得牲畜糞便滋生地潔淨起來，後來，實驗室開始大批量繁殖培養出屎殼郎，經審批正式出口澳大利亞，第一批屎殼郎運往澳大利亞，開始治理實驗。

這些屎殼郎們輾轉來到實驗牧區，在澳大利亞的農場裡開始進行「搬家」工作。沒幾天，牲畜的糞便就被屎殼郎們搬運一空，隨著糞便的減少，蒼蠅蚊蟲也是大大的減少了，這完全是屎殼郎的功勞，而中國專家也贏得了外國人的贊許。

從 來不生病的蒼蠅

蠅是大多數人厭惡的一種生物，牠看起來很不美觀，最重要的是牠還會傳播各種病菌，這是讓人們頭疼的一點，但奇怪的是，這種病菌傳播者卻「清潔一生」，從來不會因為病菌感染而死去。

這主要歸功於蒼蠅體內的一種抗菌肽，這種抗菌蛋白能令蒼蠅抵禦病菌的侵害，最初研究出這種蛋白的人是一名上世紀60年代的日本的科學家，名取俊二教授。他從蒼蠅的消化道中分離到一種小分子蛋白質，將它滴在傷寒、霍亂、痢疾、腦炎、腸炎等病菌的培養基上，然後他驚奇的發現本來生長很好的病菌大部分都溶化死去了。

由此，他得出了蒼蠅雖然長期混跡於病菌之中，卻從不得病的原因。後來其他的科學家，在其他昆蟲的體

內也找到了類似的抗菌蛋白。這之後科學上才正式將這種蛋白命名為了抗菌肽。

抗菌肽是昆蟲血淋巴產生的，這種抗菌蛋白很容易溶解在水裡，對病菌有著致命的殺傷力，針對這一點，它被人類專門用作對付原核細菌和病變的真核細胞，十分安全。中國科學家也用純化的柞蠶抗菌肽攻擊子宮頸癌細胞和陰道滴蟲，殺傷力明顯。抗菌肽還能有效殺死人體寄生蟲，對蒼蠅體內的原蟲也有毒殺作用，給非洲大陸萊姆病的治療帶來希望。

作為一種殺菌物質，抗菌肽還成為了對付感染的武器，因為幾乎所有的病原菌對抗生素產生了不同程度的耐藥性，所以，在結核桿菌的攻擊下，結核患者又多了起來，而原先開發的青黴素和鏈黴素已經沒有了效果，而抗菌肽還可以發揮出更大的威力。

蟀唱歌的祕密

　　小華曾在鄉下的奶奶家住了一段時間。每當炎熱的夏夜，經過了一天緊張的工作和學習，人們喜歡三五成群地閒坐在庭院或路邊，一邊納涼，一邊天南海北地聊天。小華更喜歡靜坐在僻靜的草地旁，納涼之際，聆聽蟋蟀的蟲鳴，他感到很快樂。

　　每次，他都聽到棲身於草叢的這些鳴蟲，輪番登場，此呼彼應，有時還會同時引吭高歌，彷彿是自然界的合唱團。在這些蟲聲之中，紡織娘的曲調洪亮高亢，猶如千軍萬馬之奔馳；蟋蟀的樂章清韻幽越，猶如高山流水之妙曲；還有一些不知名的鳴蟲，也不甘寂寞，時不時給別的蟲子伴奏一曲。

　　後來，小華回到位於城裡的家中，他和爸爸談起那些草地上的歌唱家。

　　爸爸聽完後告訴他，蟋蟀不僅好鬥，而且善鳴。蟋蟀的鳴聲清脆優美，婉轉動聽。但蟋蟀並沒有動人的歌喉，這「歌聲」完全是靠翅膀的摩擦發出的。

　　在雄蟋蟀前翅腹面基部有一條彎曲而突起的棱，叫做翅脈。翅脈上密密地長著許多三角形的齒突，叫做音銼，右前翅的音銼比左前翅的音銼發達得多。音銼很像一把梳子，上面的三角形小齒數量不一。音銼上齒的數量排列密度，以及翅膀的厚薄和振動速度等，都能影響蟋蟀鳴聲節奏和高低。

　　聽了爸爸這麼一說，小華才明白了蟋蟀唱歌的祕密所在。

發光的螢火蟲

相傳中國晉朝有位非常用功的讀書人，名字叫車胤，小的時候，他的家裡很窮，窮得連燈油都買不起。

有一天他看到螢火蟲能發光，於是，他就抓了許多螢火蟲，裝在透明的紗布口袋裡，晚上借著螢光照明讀書，經過勤讀苦練，終於成名。囊螢夜讀的故事為後世樹立了刻苦讀書的好榜樣。

現在的研究證明：螢火蟲的光是由身體中特殊的發光器發出來的。成蟲的發光器位於螢火蟲腹部的第六節和第七節內，那裡有一部分表皮特別薄，薄得幾乎是透明的。這層薄膜裡面，便是螢火蟲的「小燈」──發光器。螢火蟲的發光器官，實際上是由許多能發光的細胞組成的淡黃色的發光層，在這些發光細胞之間和周圍，

分佈著數以萬計大大小小、粗細不一的氣管和許多小神經，這些氣管一再細分，佈滿整個發光層，氧氣就可以被暢行無阻地輸送到每一個細胞。

在發光層的內面，是乳白色的反射層，能將發光細胞發出的螢光反射到體外。而發光器外面的那層薄得透明的表皮，既能透光，又能對發光器起保護作用，就像平時我們所見的燈罩一樣，那就是螢火蟲小「燈」的「燈罩」了。

那螢火蟲的發光細胞為什麼能發出光呢？從前，人們認為螢光是一種磷光，細胞內有磷物質存在。但是隨著研究的進一步深入，大家公認螢光不是磷光，而是呼吸作用的一種產物。

發光細胞中含有一種奇妙的物質——螢光素。螢火蟲呼吸的時候，氧氣透過小氣管進入發光細胞，與螢光素結合，在另一種物質——螢光素酶——的作用下，產生化學反應，發出光來。

螢火蟲的呼吸器官可以任意調節氧氣流入身體的多少，氧氣的多少又可決定螢光的明亮程度。因此，這些活燈籠在呼吸作用的控制下，就會出現平時我們見到的忽明忽暗的小燈籠。

螢火蟲的蟲卵和幼蟲也是可以放光的。產在水邊青苔上的蟲卵和在水中生活的幼蟲，甚至鑽在土裡的蟲蛹都會發光，這都是為了保護自己。

不 是螞蟻的白蟻

很多古老的建築都是用木頭建造的，有很多古老的柱子從外表看起來完好無缺，可是如果用手敲的話，就會發現內部已經空蕩蕩的，因為白蟻已經把裡面的木頭吃光了。為了防止木頭被白蟻蛀蝕，人們豎立柱子之前先在下面放一些鹽和木炭以防止木料被白蟻蛀咬，因為這兩樣東西是白蟻最害怕的。

很多人會說，白蟻這種螞蟻真可惡，把好好的柱子咬壞了。其實，白蟻不是螞蟻，白蟻和螞蟻有著本質的區別。

白蟻的真正祖先是蟑螂，牠生活在深山中，靠啃食樹木為食，特別是較為潮濕腐朽的松樹是牠最喜歡的食物。白蟻和螞蟻的外部形態也不太一樣。

螞蟻的觸角是彎曲的，而白蟻的觸角則是直的；雖

然螞蟻的下顎也很有力，但是和白蟻的下顎相比簡直就是小巫見大巫了。白蟻的下顎的咬合力量很大，被牠咬過的人相信一輩子都不會忘記。而且普通螞蟻胸部和腹部之間有很細的「腰」，而白蟻卻生得像大大的油桶一樣圓滾滾的。

最有趣的是，白蟻是靠吃木頭生活的。但不幸的是，白蟻自己並沒有消化木頭的能力，所以就只能在體內培養有助於消化的原生物，這種原生物是小白蟻一出生就可以從成年白蟻那裡得到的東西。

在蟑螂中也有像白蟻一樣透過在體內培育原生物啃食木頭的種類，那就是甲殼蟑螂。牠們體內的原生物就是白蟻和蟑螂同宗同族的最好證據。

昆 蟲界的最佳建築師

蟲家族召開了一次「最佳建築師評選大會」。
下面就是大會的參賽選手，牠們就是用泥巴
建造堅固巢穴的「細腰蜂」，在樹洞裡築巢的「月季切
葉蜂」，還有就是自己動手製作結實口袋的「袋蛾」。

首先是細腰蜂選手上場，一說到蜂巢，相信大家都
會想起密密麻麻排列在一起的六角形蜂房吧！但是細腰
蜂（也稱泥蜂）卻很特別，牠們是用泥巴來築巢的，細
腰蜂媽媽會用嘴銜起泥土在植物的枝幹或者岩石的縫隙
中設計建造未來的新家。牠先把泥土揉成團，含在口
中，然後在其靈活的前腳的配合下一點一點地把蜂巢建
起來。首先是製作壇子形狀的蜂巢底部，等蜂巢底部晾
乾變硬之後，牠會繼續製作如同細細瓶頸的蜂巢入口。
工程完工之後，細腰蜂會把尾部伸入細細的巢穴入口進

行產卵，而且還會把捕獲的許多食物一起放在巢穴當中給將來的蜂寶寶們作食物。

接著，就是月季切葉蜂上場比賽了。月季切葉蜂選擇建巢洞穴的首要標準就是洞穴入口必須和自己身體大小一致。所以，牠先找合適的洞穴。等找到了合適的洞穴之後，月季切葉蜂就開始用自己細長鋒利的前顎切割樹葉「裝修」自己的家了，玫瑰、山茱萸、櫟樹等常見的樹葉都是理想的「家裝材料」。月季切葉蜂經常把樹葉切割成圓形或卵形搬運到自己的洞穴之中，然後用這些樹葉盛放花粉和蜂蜜。

布袋蟲也是一種可以有效利用身邊現有材料的「建屋能手」，因為牠的巢穴外形就像是一個口袋，所以這種昆蟲也因此得名「布袋蟲」，成蟲也被叫做「袋蛾」或者「布袋蛾」。布袋蟲利用自己吐出的細絲黏合其他的材料製作成結實堅固的「房子」，身邊如果有樹葉的話就用樹葉當作材料，甚至如果有彩紙的話布袋蟲也會把它撕碎黏在一起的……有破布條就用破布條，有羽毛就用羽毛，總之不管是什麼材料都難不倒這位優秀的建築師。布袋蟲不斷地長大，原來的袋子裡的空間就會變得越來越小，這時牠就會找來樹葉黏在原來布袋的頂端，自己動手來擴大原有房間的面積。

到底誰是最優秀的建築師，還是你來評評吧！

蜻蜓的兒子當教練

龍虱向來都是直接用尾部在水裡進行呼吸，如果遇到需要長時間潛水的情況，牠就會把空氣儲藏在背部或者翅膀的縫隙中，然後返回水中，游泳時無法施展的翅膀反倒成了「氧氣瓶」。

「咳咳，氧氣就要沒有了。」

這是龍虱經常會遇到的情況，如果氧氣耗盡了，龍虱就只好返回水面重新補充，在水面的水草上停留了幾秒後，又重新潛入水下。有些昆蟲的水下工夫了得，可是龍虱一般只能在水下潛水3～10分鐘，如果為了捕捉獵物更加賣力地運動的話，氧氣的消耗速度會更快。

龍虱之所以可以在水下停留這麼久的時間，還有一個原因，那就是龍虱有辦法可以直接呼吸到在水中含量很低的氧氣，在水下暢遊的龍虱尾部總是連著一個氣

泡，這是因為儲藏在龍虱背部的空氣會從尾部的氣孔進入，隨著龍虱的呼吸過程就會在尾部產生氣泡。

氣泡的表面是由二氧化碳包圍著的，其中也含有一些氧氣，溶解在水中的氧氣也會逐漸地進入到氣泡當中，當龍虱儲備的氧氣用光時，依靠氣泡當中的少量氧氣也還是可以維持一段時間的。但是隨著龍虱的呼吸，氣泡也會逐漸減小至最後消失，這時，龍虱就必須返回水面呼吸。

龍虱的這一次次的勞碌，都被蜻蜓的兒子看在眼裡。因為蜻蜓的兒子可以自由地在水裡呼吸，所以當牠看到龍虱的「忙碌」後感到很心急，於是決定教龍虱水下呼吸方法。

蜻蜓的兒子因為不明白自己和龍虱的差別，所以強行讓龍虱在水中，按照牠的方式吸氣、呼氣。這下龍虱可慘了，最後差點就淹死了。最後，蜻蜓的兒子也沒弄明白自己的「徒弟」怎麼就不上進呢？而龍虱也認為是自己太笨，所以才學不會。

無 花果雄小蜂的工作

無花果是一種落葉灌木或小喬木，屬桑科，有1000多種，它們開花結籽都在果實裡，因此我們稱之為隱頭花序。但是你知道嗎？這種看不見的花朵依然能跟一般植物一樣，接受昆蟲授粉，只不過授粉的過程都是在見不到陽光的黑暗世界裡進行。這就要靠無花果小蜂了。

無花果小蜂寄生在無花果隱頭花序裡面。每到一定的時候雄小蜂會先孵出來，長相很特別，身體瘦弱，沒有翅膀和眼睛，腿也不好，只能勉強歪歪斜斜地行走，唯一能令牠驕傲的是一張強健的「鐵嘴」。其實，對於牠短暫的一生來說，翅膀和眼睛沒有多大用處，因為牠一輩子都不需要離開黑暗的隱頭花序半步，只要有那張「鐵嘴」，就足以完成牠生命中的兩項使命了。

　　無花果雄小蜂的第一項任務是同無花果雌小蜂交配。因為小蜂出生在被嚴密包裹著的隱頭花序內的子房裡，子房是全密封的，沒有一點縫隙。

　　在子房裡緩慢行走的雄小蜂憑直覺感受到雌小蜂的訊息，當牠在前進過程中遇到有障礙物時，牠就會用「鐵嘴」咬出一個洞，將牠那細長的尾端伸入洞裡與雌小蜂交配。在整個交配過程中，糊裡糊塗的雌小蜂根本不知道愛侶是誰。

　　雌小蜂受孕後，卻無法離開禁錮牠的「牢房」。這時，身體羸弱的雄小蜂便拿出一副英雄氣概，繼續用牠的「鐵嘴」用力咬開隱頭花序堅硬的外壁，鑽出一條可供雌小蜂出逃的隧道。雌小蜂獲得自由，帶著無花果的花粉，鑽進另一顆無花果授粉，並產下自己的後代。

　　完成了生命最後一項使命的雄小蜂已無事可做，精疲力竭，牠無法逃出牢籠，可能也不想逃出牢籠，因為爬出去後，牠沒有翅膀飛翔。於是從此牠便不吃不喝，很快就死去了。

南 非蜜蜂與非洲蜂的戰鬥

非蜜蜂是一種只生活在非洲最南端好望角的蜜蜂，牠們總是和非洲蜂毗鄰而居，從來都是井水不犯河水，相安無事的。

可1990年初，有些養蜂人卻突然萌生了一個想法，他們把少量的南非蜜蜂蜂巢移入非洲蜂的活動區域。同時，他們又把一些非洲蜂移到南非蜜蜂的領地內，當兩種蜜蜂開始了親密接觸時，故事就發生了。

開始，一切都顯得很正常。但是不久，奇怪的事情發生了。在純種非洲蜂的巢穴內，蜜蜂的日常活動和成員比例出現了混亂。成千上萬非洲蜂巢被迫毀掉。

原來，當兩種蜜蜂的蜂巢距離太近的時候，南非蜜蜂的工蜂就會努力滲透到鄰近的非洲蜂蜂巢中去。大多數南非蜜蜂很快就被辨認出來，因為牠們的顏色比較

深。於是許多南非蜜蜂被殺死。

不過，這個過程中依然有一些漏網者，牠們打入了非洲蜂巢的內部。

在那裡，這些南非蜜蜂既不受自己蜂王的管轄，也不聽非洲蜂蜂王的調遣，牠們已不再受蜜蜂社會法律的約束，牠們體內隱藏的繁殖系統就開始活躍起來。

在那裡，牠們開始產卵，雖然有一些還是被對手識破，但是終究有幸運者，牠們成功騙過了非洲蜂工蜂，工蜂開始把牠們當作蜂王一樣照顧起來，牠們像蜂王一樣飯來張口。這些冒牌的蜂王不斷產卵。

正常情況下，這些卵都應該孵化成雄蜂，但是牠們無法給這些卵授精，於是這些打入非洲蜂巢內部的南非間諜們發明了一種騙術。就是讓這些未受精的卵都變成了和牠們的基因完全一致的雌性。

非洲蜂的工蜂們無法辨認出這些卵有什麼不同。於是這些卵得到了同樣的照顧，有時甚至被照顧得更加無微不至，這種優待使有些卵發育成了超級蜜蜂。

此時的非洲蜂們，仍然繼續採集食物，根本不知道現在牠們所有的工作都是在自掘墳墓。

隨著時間的推移，南非蜜蜂的後代開始大量出現，牠們的基因和母親完全一致，由於餵養得當，牠們的體型更大。牠們更傾向於過上冒牌蜂王的生活，牠們不去

採集食物，對整個蜂群毫無貢獻，牠們是寄生蟲，完全依靠宿主生活。這種寄生蟲數量的增加導致了蜂群的最後崩潰。

時間一天一天的過去，年老的非洲工蜂逐漸死亡，存活的工蜂數量越來越少，逐漸地牠們已無法維持蜂群的生存。終於有一天，蜂群只剩下了南非蜜蜂。再也沒有工蜂去從事工作來養活大量的冒牌蜂王。於是，原來的非洲蜂群便處於崩潰的邊緣。

而這些南非蜜蜂為了生存則離開這個蜂巢，飛往新的目的地，重複這種打入對方內部寄生的過程，給非洲蜂的另一個蜂群又佈下一個天衣無縫的圈套。

誰 害死了果樹

　　一棵果樹枯死了。老園丁拔起果樹一看，樹根上有好幾處都被蟲子咬壞了。老園丁不知道是誰把果樹害死了，他正在想該如何緝拿兇手。這時候，旁邊一棵柳樹上的蟬開口了。牠一會兒說是螳螂，一會兒又說是蟋蟀。但是牠的偽證都被蜻蜓給戳穿了。最後蜻蜓說：「知了，知了，你太不老實了！你不說，我來說。你從卵裡一孵化出來，就鑽到地底下，躲在樹根旁邊了。那個時候，你只是一條瘦瘦的小蟲，也沒有穿上亮晶晶的玻璃紗大衫。你每天都偷偷地吃著樹根的汁液，一直吃了三四年，吃得身體胖胖的，這才爬到地面上來，掛在樹枝上，脫去一件硬外套，變成現在這個樣子。再說你那張嘴，雖然只是一根細管子，可是厲害著哪！你把它插進樹皮裡去，靠它吸樹幹裡的汁液過日

子。就是你害死了果樹，你還在這兒裝什麼好人哪！」

　　經過蜻蜓這麼一說，老園丁終於知道了誰是真的兇手，最後把蟬給打死了。

　　現在我們都知道蟬是害蟲了。在美國，曾鬧過蟬災：盈千累萬隻蟬，聚集在成片的森林為害。後來，不得不從英國運來一批專門吃蟬的鳥，才算把這場蟬災壓下去。也正因為蟬是害蟲，所以在夏天，人們常常循著蟬的鳴聲，用纏滿細絲的網去逮蟬。

　　有趣的是，蟬雖然整天知了知了地叫，但是牠卻從來沒聽過自己的「歌聲」。原來，蟬是個地地道道的「聾子」！或許我們都有這樣的經歷，即使我們在樹下大叫大嚷，把鳥兒都嚇飛了，然而蟬卻照舊在「歌唱」。怪不得人們送給牠一個外號「聾子歌王」。著名的法國生物學家法布林稱牠為「高叫的聾子」。

喜愛吃糖的螞蟻

　　螞蟻的味覺特別好，牠們可以選擇自己喜愛的食物，你知道這是為什麼嗎？

▶ 你需要準備的材料

　　一些螞蟻，1小杯糖水，1小杯糖精水。

一、找一個螞蟻經常出沒的地方。

二、把糖水和糖精水分別滴在兩旁，然後靜候著仔細觀
　　察。

三、過一會你會看到，螞蟻們都一起奔向滴糖水的地
　　方，而滴糖精水的地方沒有一隻螞蟻光顧。

　　螞蟻之所以會選擇糖水，是因為天然糖的分子更適
合螞蟻的味覺感受器。這個感受器在螞蟻的觸角上，螞
蟻透過這個觸角來觸摸食物、品嘗食物和嗅氣味。另
外，由於螞蟻沒有適合人工甜味劑的味覺感受器，所以

不會去光顧糖精的滴液。

　　根據科學家的研究證明，螞蟻在洞穴裡如果缺少糖份，對牠們的生長發育很不好，為了能夠找到充分的糖份，所以螞蟻一旦發現甜的東西，觸角就會自主的硬起來，這是螞蟻的一個天性。

科學實驗室・實驗二
蒼蠅的成長歷程

你知道蒼蠅是如何成長的嗎？

▶ 你需要準備的材料

2個1升的大廣口玻璃瓶，1根橡皮筋，2根香蕉，1雙絲襪。

實驗步驟

一、把香蕉剝掉皮後放進瓶子裡，不要蓋上瓶蓋。

二、將瓶子靜置三到五天。並且每天都觀察瓶子裡的情況。

三、當你看到有幾隻蒼蠅飛進瓶子裡的時候，就用絲襪罩住瓶口，並用橡皮筋紮緊。

四、將瓶子靜置三天。

五、將瓶子裡的蒼蠅全部放出來。

六、再將絲襪罩住瓶口，用橡皮筋紮緊。

七、接下來的兩星期，仔細觀察瓶子裡的情況。你會發現，幾天後，瓶子裡出現了四處爬動的蛆，然後這些蛆就會變成蛹，最後這些蛹就變成了蒼蠅。

蒼蠅喜好腐爛的氣味。所以，實驗中的蒼蠅聞到發臭的香蕉味就會飛過去，然後，就將卵產在香蕉上。這些卵孵化後會變成蛆，蛆又會進化成蛹，蛹再變成成蟲。這就是蒼蠅的整個成長歷程。所以，在生物學上，蒼蠅屬於典型的「完全變態昆蟲」。

澳大利亞人視蒼蠅為「寵物」，澳大利亞面額為50元的紙幣上竟然印有蒼蠅的圖案。這是因為這種蒼蠅與其他國家的蒼蠅不同，牠們多以森林為家，以植物汁液為食，不帶任何病毒及細菌。牠們個頭大，整個軀體及翅膀呈柔美的金黃色，飛時也不發出令人討厭的嗡嗡聲。因此，澳大利亞對自己國內蒼蠅的評價為：美麗、乾淨、可愛。

科學實驗室・實驗三
蜘蛛的判斷力

你知道蜘蛛是怎麼判斷蜘蛛網上的東西的大小的嗎？

▶ 你需要準備的材料

1根線，2把椅子。

一、將線的兩端分別綁在兩把椅子的扶手上。

二、移動椅子，將線拉直。

三、讓自己和遊戲夥伴分別站線上的兩端，並讓夥伴背對著自己。

四、把手指放線上，並讓夥伴用不同的力度撥動這根線。你放線上的手指能感覺到對方力度的大小。

在綁著線的一端搖晃線，則整條線就會振動起來。如果只是輕輕地撥動線，線只會產生輕微的振動；如果用力地搖動，就會使整條線晃動起來。蜘蛛網也會這樣。蜘蛛會憑藉腳上的感覺毛來判斷動靜，當蜘蛛網搖

晃得相當微弱時，蜘蛛是沒有任何反應的；當振動程度為中等程度時，蜘蛛便會知道掉落在蜘蛛網上昆蟲的大小正適合自己吃，就會立即趕往發生振動的地方，在獵物的周圍吐絲，將獵物團團包住從容地享用。但是如果振動很大時，就有可能是蜘蛛敵不過的敵人落在網上，蜘蛛就會趕緊躲藏起來，或者是將絲咬斷趕快逃跑。

　　目前發現的最大的蜘蛛是南美洲的潮濕森林中的格萊斯捕鳥蛛。牠在樹林中織網，以網來捕捉自投羅網的鳥類為食。雄性蜘蛛張開爪子時有38公分寬。而最小的蜘蛛是為施展蜘蛛，有人曾在西薩摩爾群島捕到一隻成年雄性展蜘蛛，體長只有0.043公分，還沒有印刷體文字中的句號那麼大。

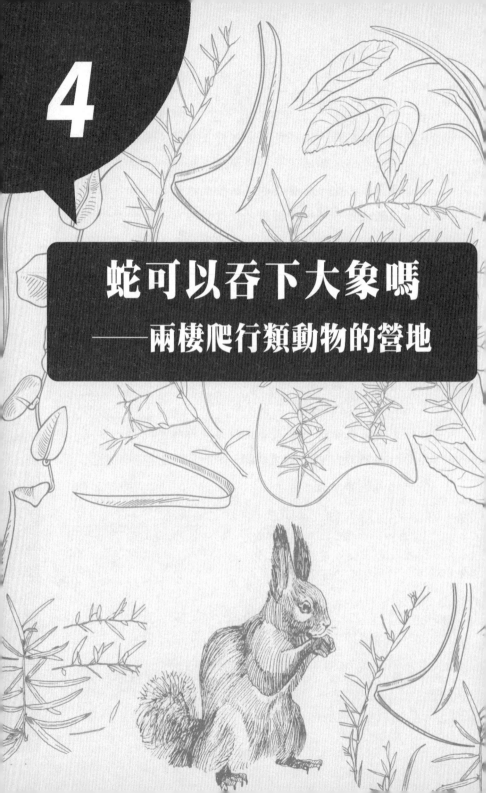

4

蛇可以吞下大象嗎

——兩棲爬行類動物的營地

總 鰭魚的登陸歷險記

一億多年前的一天，在一片乾涸的河灘上，有一條怪模怪樣的魚兒在奮力掙扎著。這種魚兒有兩個背鰭，身後拖著一條長長的尾巴，牠費盡氣力撐起牠的胸鰭和腹鰭，在泥地上慢慢爬行著。每移動一步，都要張開嘴巴不住地喘氣，真是困難極了。

為了生存，牠不得不拼命往前爬啊！牠原來生活的小河乾涸了，河灘上沒有一滴水，如果不趕快爬上陸地，找到一個新的溪流和水池，牠就要被太陽無情地曬死了。魚如果沒有水，就只有死路一條了。

許多總鰭魚在爬行過程中乾渴死了，但有一些卻最終取得了勝利，把種族延續下去。就這樣，一代又一代的總鰭魚上岸爬行，漸漸生長出適合在陸地上生活的器官。牠們的腹鰭裡長出了強壯的肢骨，可以像腳一樣爬

行；頭上長了鼻孔，可以呼吸空氣，使自己不會很快乾死；頑強的總鰭魚，終於戰勝了死亡，在不斷的進化中適應了陸地上的生活環境。以後逐漸產生了各式各樣的陸地動物，使生命的種子傳播到廣闊的陸地上。說起來，牠可以算是陸地上所有脊椎動物的祖先！

　　古生物學家原來以為總鰭魚在7000多萬年前的白堊紀就滅絕了。想不到後來在非洲南部的印度洋裡，撈起了一條活蹦亂跳的總鰭魚，把人們嚇了一跳。原來，牠還是一種大海裡的「活化石」呢！

盡職的蟒蛇「保姆」

在巴西的熱帶森林裡，生長著一種花斑大蟒，牠們常常倒掛懸在大樹上，不停地吐著紫紅色的信子，瞪著一雙大眼盯著樹下行人。

這種大蟒樣子看起來很兇猛很可怕，但實際上，牠性情溫和，並不傷人，是一種可以馴養的動物。當地巴西人知道了牠的這一習性後，不但不怕牠，還對牠很親熱。

大家都知道熱帶森林中毒蛇猛獸很多，而花斑大蟒卻是這種毒蛇猛獸的剋星。

村落裡的人們，為了自家孩子的安全，會讓自家馴養的大蟒去照看孩子。

大蟒對人溫和，但在蛇類和其他野獸面前牠可威風了，毒蛇猛獸一見牠，都嚇得遠遠避開。

　　大蟒照看孩子寸步不離，忠於職守，擔負起保護的任務，真是個好「保姆」。

　　如果孩子想睡覺了，牠就用自己的身體圍成一個圓圈，讓小孩子在裡面睡。

　　英國倫敦的一個醫生約翰‧姆爾格希，家裡也飼養了一條蟒，用來看守家門。

　　白天，約翰夫婦去上班，這條蟒獨自留在屋內，來回遊動，四處「巡視」。晚上，約翰夫婦睡覺前，大蟒便爬上床來同他倆嬉戲玩耍。

　　約翰夫婦入睡後，大蟒便守候在旁，室內什麼地方一有響聲，便爬去察看。看看花斑大蟒們算得上是頂級「保姆」了吧！

　　人們飼養大蟒，也很方便、省事。大蟒一次吃得很多，但牠吃一次東西後，隔好久才再次進食，而且食物也不必很高級，比養隻小貓的經濟支出還少。

　　蟒蛇不但能照看孩子能守家，還能當苦力呢！在非洲一條大河的畢索渡口，有一種方形的像木筏船的渡架，由一條經過訓練的巨蟒拖著來回「擺渡」。

　　蟒蛇力大靈活，能夠輕而易舉地拖運一噸重的貨物或人，速度比人力渡船還快，乘客們坐在渡架上，既平穩又安全。

「戒毒」後的「林中藍鑽」

很多人的印象中，蛙是一種善良溫順的動物。但是，在南美洲的熱帶雨林叢林中，卻有一種非常「毒」的蛙——藍鑽毒箭蛙。

牠們體長僅約4公分，身披鮮豔的藍鑽外衣，非常善於攀爬，有「林中藍鑽」的美稱。但是牠身上劇毒無比，當地的土著人經常以其毒液塗在箭頭和標槍上，用來捕獵。

後來經檢測，每隻蛙身上有0.2毫克的毒液，可是只需0.002毫克就足以令人死亡。藍鑽箭毒蛙之所以帶毒是用於自衛，和許多以隱蔽色逃避天敵的動物的生存對策相反，箭毒蛙以警戒色避免殺身之禍，牠們在綠色的森林中格外絢麗奪目。

許多箭毒蛙的表皮顏色鮮亮，經常帶有紅色、黃色

或黑色的斑紋。這些顏色在動物界常被用作一種動物向其他動物發出的警告：牠們是不宜吃的。這些顏色使箭毒蛙顯得非常與眾不同——牠們不需要躲避敵人，因為攻擊者不敢接近牠們。於是，鮮豔的顏色和花紋成了恐嚇食肉動物的信號。箭毒蛙就是憑藉警戒色和毒腺使整個家族存活至今。

箭毒蛙是世界上最毒的動物之一，但牠們的身體並不會自造毒素，牠們的棲息地盛產有毒菌類，牠們透過食用有毒昆蟲，從而攝取毒素。

正因如此，所以很多地方的動物園都引進了藍鑽箭毒蛙，動物園裡的藍鑽毒箭蛙都是人工繁殖的，由於離開了原產地的環境，食物中沒有合成毒液的元素，所以牠們是無毒的安全個體。戒毒後的「林中藍鑽」帶給人們更多的歡樂。

奇 怪的群蛙大聚會

平時，我們只會在河邊，湖邊看見大大小小的青蛙，好像牠們都是「分散行動」的，平時並不喜歡一大群地聚集在一起。但是中國南嶽衡山廣濟寺的一個丘田上，曾出現過群蛙聚會的奇觀。參加聚會的是一種石蛙，顏色灰黃或褐色，成蛙有碗口大小，憨態可掬。每年3月驚蟄時節，便有成千上萬隻石蛙來到這塊丘田聚會。

後來人們才發現，原來剛從冬眠中醒來的石矴蛙是到這裡來幽會的。成千上萬隻石蛙有時一對對疊堆而起，形成一個近1米高的蛙塔。如果人們想把成雙成對的石蛙分開，可沒那麼容易。你抓住上面的雄蛙，下面的雌蛙不放「手」，於是就一同被提起來，看來牠們打算「誓死不分離」了。這種石蛙聚會可持續幾天到十幾

天，然後一夜之間消失得無影無蹤。

　　另外，人們在廣東鶴山縣沙坪鎮也發現過另一次群蛙聚會。這次群蛙聚會不是為了幽會，而是為了打仗。當時剛下了一場大雨，奇怪的是雨後沙坪鎮的一塊大菜田裡聚集了上千隻青蛙，開始打一場世所罕見的青蛙大戰。你看吧：有的單兵對戰，彼此先怒目相視，然後猛撲躍起，纏住對方連咬帶撞；有的幾隻圍成一團，互相亂咬。戰場外還有上千隻青蛙在助陣，叫聲鼎沸。這些助陣的青蛙還當起了「救護員」，牠們不時到戰場上拖出精疲力竭的「傷兵」，不知是為了「救護」，還是收容「俘虜」。

毒蛇為何朝聖

在希臘的西法羅尼亞島上，每年的8月6日到15日，都有成百上千的毒蛇從懸崖峭壁和山林洞穴中紛紛湧出，向坐落在島上的兩座教堂爬去，到達教堂之後，牠們就盤踞在教堂的聖像下面，大約10天左右才紛紛離開。

而這期間，恰逢希臘的兩個重要的宗教節日：8月6日是希臘人紀念上帝的日子，8月15日是紀念聖女的日子。奇怪的是，在這期間這些毒蛇從不傷人。更令人迷惑的是，這些毒蛇的頭上，都有一個類似十字架形狀的記號，而且這一奇異景觀已存在120多年了。

關於毒蛇朝聖盛象，人們眾說紛紜。在當地還有一個美麗的傳說，傳說許多年以前，一群海盜洗劫了西法羅尼亞島，並把島上的24名修女捉去，圖謀不軌，天上

的聖母得知這一情況後，為使這些純潔的修女免受玷污，就使用神術把這些修女變成了毒蛇，從而擺脫了海盜的魔爪。這些變成毒蛇的修女們為了報答聖母的恩情，於是約定每逢8月6日到15日，便到教堂朝拜感恩。

傳說固然美麗，但終究不能解除人們對這一奇觀的迷惑。有人甚至對這一奇觀本身產生了懷疑。

不過，隨著傳播媒介的日益現代化，越來越多的人知道了這個小島上有毒蛇朝聖的奇觀，很多旅遊者就慕名湧向西法羅尼亞島，希望親眼目睹毒蛇朝聖的奇蹟。

到了這個小島後，人們真切地看到，島上的居民確實與毒蛇和平相處，有些人甚至認為毒蛇有祛邪治病的神力，而有意觸摸牠們，或將其纏繞在身上，毒蛇也任憑人們逗引，溫順異常，從不傷人。

提起毒蛇，人們往往談蛇色變，更不要說去和牠們親近了。而西法羅尼亞島上的毒蛇，卻讓人們對毒蛇有了新的認識。

不過這裡的毒蛇畢竟是個特例，如果你真的在其他地方遇到了毒蛇，要千萬小心喲！

世界上最長壽的動物

們常聽老人們說：千年的王八萬年的龜。這是形容龜的長壽。

據史料記載，韓國的一位漁民曾捕到一隻長1米半、重90公斤的活海龜，經測定，壽數已達700歲；更令人驚奇的是，在重修廣東梅縣城南觀瀾亭時，人們在一根大石柱下，發現了一隻重3.5公斤的活烏龜，背面寬30多公分，形狀又大又扁，背上有明顯的被壓痕跡。據記載，該亭建於1746年，在建亭時，在柱下墊上此龜，不料這隻龜就這樣被壓在柱下，度過了240多個春秋。

針對龜的長壽這一問題，很多人都做出了不同的猜測，有人說龜的壽命與其身體大小有關，龜體越大，壽命越長，龜體越小，壽命越短。

其根據是，有記錄可查的長壽龜龜體都很大，如世

界上最大的陸地龜——象龜、海龜等壽命都很長。但在中國的上海自然博物館中，有一隻大頭龜的標本，個體不大，卻已存活了130多年。所以這種說法就很難讓人信服。

有的科學家們還檢查了龜的心臟機能，他們把龜的心臟從其體內取出後，發現這隻心臟竟然還能跳動兩天，由此可以說明龜的心臟機能較強，由此他們想到這種強大的心臟機能可能與龜的長壽有很大關係。

龜的長壽之謎還有許多奧祕等待人們加以探索。期待著有一天能徹底揭開龜的長壽之道，造福於人類。

活 了幾千歲的蟾蜍

物總是有壽命限制的，一般來說，動物的生命週期不超過百年，但也有些例外。1993年2月，中國四川省三峽庫區出土了一座距今1800年的東漢古墓。古墓中有一個密封良好的陶罐，當人們打開的時候，居然發現了一隻鮮活的蟾蜍。

罐子裡沒有食物和糞便，根據時間推測，這隻蟾蜍在罐子裡已經生存了1000餘年。這樣的事情在1946年的美洲墨西哥也發生過，當時，一位石油地質學家在那裡的石油礦床裡，發現了一隻冬眠的青蛙。在2米深的礦層裡，這隻青蛙皮膚柔軟，還有光澤，是一隻活生生的青蛙，在被取出來兩天後才死去。

更令人驚訝的是，這隻青蛙是在礦床形成前就進去的，而地質學家對這個礦床進行了科學測定，證實這個

礦床是在200多萬年前形成的。也就是說,這隻青蛙在礦層裡已生存了200多萬年。

1782年,法國巴黎也有類似的事情發生,一位採石工人於地下4.5米深處的石灰岩層裡,開採出了一塊巨石。巨石劈開後,竟然發現裡面藏著4隻活蟾蜍,這些蟾蜍居然還可以自由活動,而經過鑑定,這塊石頭是100多萬年前形成的。這意味著,這4隻蟾蜍在岩石內已生存了100多萬年。

這些青蛙和蟾蜍是如何做到在密封的環境下生存的呢?科學家對此進行了探索,他們發現,氣溫上升10℃,青蛙和蟾蜍的新陳代謝作用會加快2～3倍;而氣溫下降10℃,代謝作用則減慢到1/3。所以,在密封的環境裡,青蛙和蟾蜍可以不受外界的影響,處於能量不消耗的低溫狀態。就好像食物被放入冷藏室裡保鮮一樣,在地下的青蛙和蟾蜍也是透過自身的調節,令自己處於不吃東西也不死亡的狀態。

但對於這個說法,科學家依然有許多不滿意的地方,有些科學家認為青蛙和蟾蜍之所以能存活那麼長時間,和體內的甘油存在有關,這種甘油能幫助牠們保持生命。到今天為止,這一自然謎題依然無法徹底揭開,還有待於科學家們進一步研究。

鱷魚的致命弱點是什麼

我們看到鱷魚一身的硬甲，頗有些「刀槍不入」的架勢就有點害怕。難道說我們就一點辦法也沒有了嗎？尤其是當我們在意外的情況下遇到鱷魚，難道就只有乖乖地變成牠口中的美味嗎？當然不是！

大的敵人也是有弱點的，人類從鱷魚的眼睛找到了對付這個傢伙的良策。美國佛羅里達州有一位71歲高齡的老者，有一次，不小心跌入一條運河中。當他拼命往岸上爬時，竟無意踩到了一條鱷魚，鱷魚正愁沒東西吃呢！這次竟有人送上門來，於是牠一怒之下張口咬住老人的左手。老人驚恐萬分，心想活不成了。

突然，昔日電視上動物世界中介紹鱷魚的節目呈現在眼前：節目裡告訴人們，面對鱷魚要勇敢地用大拇指直戳鱷魚的眼睛，老人想到這兒就趕緊用手指戳鱷魚的

眼睛。結果，這一招還真靈。鱷魚立即放開老人的左手逃之夭夭，老人得救了。

古巴一鱷魚養殖場的工人埃斯卡梅爾在打掃鱷魚巢時曾遇到一條鱷魚獸性大發，突然躥出咬住他的頭部，血流如注，在這危急時刻，埃斯卡梅爾強忍劇痛，使盡全身力氣，將兩隻手的拇指直插入鱷魚雙眼，趁鱷魚張開血口之際得以逃生。

澳大利亞還有一家七口人住在達爾文市以南200公里海灣的帳篷裡，入睡至午夜時，一條足有4.5米長的鱷魚襲擊了帳篷，一口咬住了60歲的老母親。

30歲的兒子驚醒後，立即狠命地朝鱷魚眼睛猛擊一拳，奪下老母親，鱷魚眼睛被打後，無心再戰，只好掃興而逃，由此確證，鱷魚也有牠致命的弱點，巧擊鱷魚的雙眼是可以制服鱷魚的。

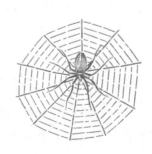

科學實驗室·實驗一
會變顏色的青蛙

也許你只聽說過變色龍會隨著外界顏色的變化而迅速改變體色，但如果有人告訴你，青蛙也能改變體色，你會不會覺得很奇特？

▶ 你需要準備的材料

3隻體色差不多的青蛙，2個一樣大小的大玻璃瓶，2塊紗布，一些黑色紙，一些水。

實驗步驟

一、在兩個玻璃瓶中都裝入淺淺的一層水，只要能淹過杯底就行。

二、把其中的兩隻青蛙分別放置到玻璃瓶中。

三、用紗布分別蒙在兩個瓶口上。

四、把其中的一個玻璃瓶的周圍用黑色紙包裹住，放在陰暗的地方。

五、把另外一個玻璃瓶放在陽光充足的地方，但不要被陽光直射。

六、三四天之後，將玻璃瓶中的兩隻青蛙取出，把牠們跟另外一隻青蛙放在一起。你會發現，三隻青蛙的

體色不一樣了。沒有放進玻璃瓶中的那隻青蛙體色還是原來那樣，但在用黑紙裹住的玻璃瓶中的青蛙的體色變得又暗又黑，而另外一個玻璃杯中的青蛙的體色則變淡了。

實驗大揭祕

青蛙的神經系統當感受到了外界光線的變化，就會調節皮膚中黑色素細胞的分佈。這些黑色素細胞既可以聚合在一起，也可以分散開來。如果青蛙在暗處生活，黑色素細胞就會分散到整個皮膚表面，因此青蛙的皮膚就會看起來是大面積地變黑暗。

相反，在光線充足的地方生活的青蛙，黑色素細胞就聚集到一塊，變成一個個的小黑點，而黑點之外的部分則變得很淡，整個體色看起來就是變淺了。值得注意的是，完成了這個實驗後，一定要將這三隻青蛙放生呦。

科學小常識

變色龍能夠變換體色完全取決於皮膚表層內的色素細胞。變色龍皮膚有三層色素細胞，最深的一層是由載黑素細胞構成，其中細胞帶有的黑色素可與上一層細胞相互交融；中間層是由鳥嘌呤細胞構成，它主要調控暗

藍色素；最外層細胞則主要是黃色素和紅色素。

　　色素細胞在神經的刺激下會使色素在各層之間交融變換，實現變色龍身體顏色的多種變化。

科學實驗室・實驗二
小蝌蚪變裝了

你知道蝌蚪是怎麼變成青蛙的嗎？

▶ 你需要準備的材料

　　1個大號玻璃瓶，1隻小蝌蚪，一些河水，少量泥沙，幾根水草。

實驗步驟

一、在玻璃瓶中裝一些河水。

二、將泥沙和水草放到玻璃瓶中。

三、把玻璃瓶放到陽光充足但不直接照射的地方。

四、一段時間後，再觀察玻璃瓶中的小蝌蚪，你會驚訝地發現，小蝌蚪變裝了，變成了一隻身披綠衣的青蛙。

實驗大揭祕

　　所有的動物都要經歷成長的過程，有些動物生來看上去就像牠們的父母，而有的卻與牠們的父母大不相同。蝌蚪就屬於後面一種，牠只是青蛙生命週期的一個

階段。青蛙在水中產卵，蛙卵孵化成小蝌蚪。

　　當小蝌蚪脫掉細長的尾巴，長出四肢後就變成了蹦蹦跳跳的青蛙了。（青蛙是益蟲，我們要保護牠。在做完實驗後，千萬要記得將青蛙放生。）

　　蝌蚪在水中主要以水草為食也吃蚊子的幼體或其他生活在水中的昆蟲幼體；成年的青蛙才以肉食為主。有意思的是蝌蚪作為青蛙的幼蟲其食物是昆蟲的幼蟲，而青蛙的食物是昆蟲，青蛙和昆蟲真是名副其實的天敵。

科學實驗室・實驗三
爬出地面的蚯蚓

每當下暴雨時，蚯蚓為什麼會爬到地面上來？

▶ 你需要準備的材料

1個盆子，一些泥土，3條蚯蚓，一些小砂石，1個杯子，一些水。

 實驗步驟

一、在杯子裡裝入半杯小砂子。

二、往杯子裡倒水，將砂子淹沒為止。你會看到，杯子裡開始有氣泡冒出，不一會兒就沒有了。

三、把蚯蚓和泥土裝入盆子裡，蚯蚓必須覆蓋在泥土中。你會發現，蚯蚓會靜靜地待在泥土中。

四、往盆子裡倒水，直到泥土剛好被水淹沒。你會看到，盆子裡也有氣泡冒出，不一會兒，蚯蚓也會爬出泥土表面來。

實驗中，盆子裡和杯子裡出現的都是氣泡。這是因為我們往杯子或盆子裡倒水時，水會將砂石或泥土中的空氣擠出來。當砂子或泥土中的空氣全被水擠出來以後，就不再有氣泡冒出來了。

但泥土中的氧氣變少直至為零時，蚯蚓就會爬到泥土表面上來呼吸。所以，當下暴雨使地面積水時，蚯蚓為了獲取氧氣，就會鑽出泥土，爬到地面上來。

蚯蚓只有簡單的腦和神經系統，沒有眼睛、耳朵等明顯的感官器官，但牠們卻對白色光的刺激有反應。所以，牠們喜歡在夜晚爬出地面來活動，而人們正是利用牠們的這一特點，常常在夜間抓牠們來作魚餌。

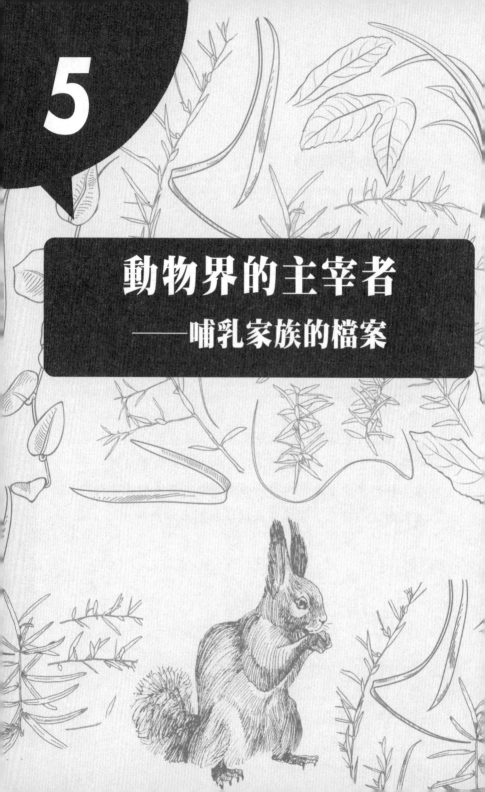

5

動物界的主宰者

——哺乳家族的檔案

不 會迷路的乳牛

果你在野外迷失了方向，又剛好沒有帶指南針，那怎麼辦？如果有乳牛在的話就用不著驚慌了，只要看一看乳牛的頭朝向哪一邊，你就可以知道哪邊是北邊了。

科學家在對數千頭牛的行為做了監視之後，發現牠們不僅有第六感，知道地球的南北方位，而且還總是面朝北站立。牛群的這種驚人能力其實是從遠古祖先那裡遺傳下來的，這些馴養牛群的狂野祖先正是利用其自身的內置指南針，才找到了自己穿越歐亞非大陸的遷徙之路。

德國杜伊斯堡——埃森大學的動物學家薩賓・貝蓋爾的小組。派人在地面對這些動物進行了現場觀察。他們發現，陰冷天裡的強風或強日照更有力地證實了這一

點：大多數動物都以地球磁場的北南方向排列。

　　比如，他們在捷克斯洛伐克對幾千頭鹿做了地面直接觀察並拍攝了相關照片後，發現牛群和鹿群不是按照地理位置的北南方向，而是地球磁場的北南方向排列的。而地球磁場的北南方向與地球的北南極又不是完全重疊的。

　　其實，不只是牛和鹿，自然界中的幾十種動物都能利用地球磁場來進行導航，其中包括鳥類、海龜、白蟻和鮭魚等。

　　之前的研究還證明像老鼠和蝙蝠這樣的小型哺乳動物，也有自己的磁場指南針。貝蓋爾小組正是在此啟發下，開始了對大型哺乳動物是否也具有類似的磁場指南針的研究。

　　剛開始他們想從研究人類的睡眠方向入手，後來局限太多，就對非洲鼴鼠展開了相關研究，繼而又研究了乳牛和鹿群。

　　科學家認為，大型動物磁場方向感的發現，可能會引起對其它農業問題的關注，比如圈養乳牛的東西方向排列與牠們的泌乳量是否有關係。

能 分泌龍涎香的抹香鯨

香鯨是世界上最大的齒鯨，雄性最大體長達23公尺，雌性17公尺，牠的頭部很長，約占全身的1/3，所以抹香鯨又有「巨頭鯨」的稱呼。奇怪的是，如此巨大的抹香鯨，牠們的眼睛才一枚銅錢那麼大，眼珠只有二分硬幣那麼大，而且長在頭部與腹部之間。也正因如此，抹香鯨的視力不太好，主要靠聽覺辨別有無障礙物，尋找食物。牠的嘴很大，有兩排銳利的牙齒，以章魚、烏賊之類為食物。

抹香鯨的頭頂雖然長著兩個鼻孔，右鼻孔朝上，但裡面堵塞，沒有呼吸作用；左鼻孔在頭的前端左側，呼氣時噴出白色的霧柱，高約三四公尺，與海面成45度斜角——這是抹香鯨的特徵。遠遠一望，那霧柱斜射便可知道是抹香鯨。平常，牠每隔兩、三分鐘呼吸一次。另

外工作人員介紹說如果吸足氣，這種鯨可在海中連續潛游一個半小時，深度可達2200公尺！平常，牠的游泳速度為每小時3海里，受驚嚇時可達每小時十幾海里。牠是恆溫動物，體溫達攝氏35.5度。牠通常生活在溫帶、熱帶海洋。但是在中國沿海並不多見。

抹香鯨最喜歡吃烏賊，而烏賊的喙很硬，不易消化，易積存在小腸中。所以抹香鯨的腸道會不斷分泌出特別的分泌物，與烏賊殘渣混雜在一起，形成一種黑色黏稠的物質。

這種物質剛從抹香鯨的腸中取出時，極臭。可是過了一段時間，就會由臭變香。尤其是在點燃時，香氣濃烈，勝過麝香，人們稱之為「龍涎香」，是名貴的香料安定劑。抹香鯨也是因此得名的。龍涎香貴為「稀世珍寶」，不僅數量少，而且也很難得。

虎 鯨詐死的詭計

虎鯨是一種大型齒鯨，體長近10公尺，重7.8噸，雌性比雄性要稍小些。

虎鯨身上分佈黑白花紋，這其實是一種掩護色，在水面上，牠們黑色的背與深色的海水顏色接近，從水下面看，牠們白色的腹部顏色接近被陽光照亮的海水。

虎鯨牙齒鋒利，性情兇猛，是企鵝、海豹等動物的天敵。有時牠們還襲擊其它鯨類，甚至是大白鯊，可稱得上是海上霸王。

虎鯨在捕食時，也會耍花招。有時，牠們肚皮朝上，紋絲不動地漂浮在海面上，猶如一具屍體，一旦有人接近，牠們會一翻身迅速地游走。很顯然牠們是在裝死，以此誘捕受騙而來的海鳥、海豹、海獅等獵物，由此我們可見虎鯨的狡猾。

　　據一些在極地考察的人說，雖然虎鯨的「詐死」策略曾經讓很多老實的海豹上當送命。但是海豹也有聰明的時候。

　　一次，一隻海豹趴在一大塊浮冰上養神。突然，冰下的水花翻動，兩隻虎鯨從水中探出頭來對牠輪番威嚇。這時，憨態十足的海豹先是緊張地縮到浮冰的正中心，探頭探腦地觀察動向，看到虎鯨並不能真的把自己怎麼樣，牠便牢牢地待在原地，任憑水下的兩個惡霸輪番威脅，也不下水。

　　於是，弱小的海豹和兩頭大虎鯨就這樣乾「耗」了三個小時左右，最後兩個暴徒無可奈何地離開了。聰明的海豹終於保全了性命。

　　對於虎鯨來說，這次失敗的捕獵事實上也暴露了牠們捕獵能力的最大缺陷，那就是虎鯨雖然兇暴，可是畢竟對陸上捕獵不在行，因此也只好看著就要到嘴的肥肉乾瞪眼，而無可奈何。

小 白鼠的偉大母愛

經有一家醫學院實驗項目要用成年小白鼠做一種藥物試驗。在一群小白鼠中，有一隻雌鼠，腋根部長了一個綠豆大的硬塊，於是被科研人員淘汰了下來。因為工作人員想瞭解一下硬塊的性質，就把牠放入了一個塑膠盒中，單獨飼養。十幾天過去了，腫塊越長越大，小白鼠的腹部也逐漸大了起來，活動顯得很吃力。

有一天，工作人員突然發現，小白鼠不吃不喝，焦躁不安起來。他想，小白鼠大概性命已盡，就轉身去拿手術刀，正當他打開手術包準備解剖牠時，卻被眼前的一幕景象嚇呆了。

小白鼠艱難地轉過頭，用力咬住已有大拇指大的腫塊，猛地一扯，皮膚裂開一道縫，鮮血汩汩而流，小白鼠疼得全身顫抖，此情此景令人不寒而慄。稍後，牠一

口一口地吞食將要奪去牠生命的腫塊，每咬一下，都伴著身體的痙攣。就這樣，一大半腫塊被牠咬下來吞食了。

第二天一早，實驗人員再一次來到牠面前，看看牠是否還活著。讓工作人員吃驚的是，小白鼠身下，居然臥著一堆粉紅色的小鼠寶寶，正拼命吮吸著乳汁，這位工作人員數了一下，整整有10隻。

那時小白鼠的傷口已經停止了出血，但是左前肢腋下由於扒掉了腫塊，白骨外露，慘不忍睹。不過鼠媽媽的精神明顯好轉，活動也多了起來。

惡性腫瘤還在無情地折磨著小白鼠。工作人員真擔心這些可憐的小東西，因為母親一旦離去，要不了幾天牠們就會餓死的。

看著10隻漸漸長大的鼠寶寶拼命地吸吮著身患絕症、骨瘦如柴的母鼠的乳汁，工作人員心裡真不是滋味。他知道了母鼠為什麼一直在努力延長自己生命的原因，但不管怎樣，牠隨時都可能死去。

這一天終於來了。在生下鼠寶寶21天後的早晨，小白鼠安靜地臥在盒子中間，一動也不動了。10隻鼠寶寶則靜靜地圍在四周。這時候工作人員猛然想起，小白鼠的斷乳期是21天，也就是說，從今天起，鼠寶寶不需要母鼠的乳汁就可以獨立生活了。母愛真的是可以超越生命的！即使是動物的母愛也同樣如此。

古駝是沒有駝峰的

　　一天，小紅隨爸爸出去散步時，看到公園裡有群駱駝正在吃草，小紅就問爸爸駱駝的祖先是什麼樣子的，爸爸想了想，告訴她古駱駝原來是生活在北美洲的，牠們身高不過1公尺長，像羚羊一樣善於奔跑的小古駝；有高達3公尺以上，像長頸鹿般伸長了脖子，專門摘食樹葉的高駱駝。牠們都絲毫沒有沙漠生活的習性。

　　由於當時的食物豐盛，古駱駝根本用不著在背上長出累贅的駝峰，來貯藏缺食期間維持生命的脂肪。所以，古時候的駱駝，是沒有駝峰的駱駝。駱駝就這樣無憂無慮地在新大陸的老家，過了幾千萬年的舒適生活。

　　到了第三紀末期，北美洲的氣候變冷了，森林不斷縮小，出現了一大片、一大片的乾旱草原。古駱駝過不

慣這種艱苦日子，只好成群結隊穿過連接美洲和亞洲的「白令陸橋」，進入陌生的亞洲大陸尋找新的生活環境。誰知，這兒的乾旱草原面積更大，許多地方還有寸草不生的沙漠分佈，比美洲的老家更糟糕。

緊接著，寒冷的第四紀冰期開始了，北方大地上佈滿了銀色的冰川。古駱駝再也沒法沿著來時的道路返回美洲老家，只好十分委屈地留在新的地方過日子。

在乾旱草原和沙漠裡生活，首先就要學會忍受乾渴的煎熬。於是駱駝的血液也發生變化了。和別的動物相比，在沙漠烈日的暴曬下，牠身體內血液裡失去的水分很少，而且血液循環仍然暢通無阻，可以正常生活。為了克服缺少食物的障礙，駱駝背上就長出了貯藏脂肪的駝峰了。

馬 的祖先只有狐狸那樣大

赤兔馬因戀舊主關羽寧死也不從新主，徐悲鴻的「八駿圖」蹄下生風，唐太宗的「六駿」威風凜凜，這些都是我們耳熟能詳的故事。

但是馬的祖先遠沒有這樣神氣，單單個頭就比現在小很多。

最早的始祖馬只有狐狸那樣大。如果號稱「五虎大將」之首的關羽拿著青龍偃月刀騎在上面，一定會把牠壓得連腰也撐不起來的。

始祖馬的腳趾頭和現代馬也不一樣。牠的前腳有四根腳趾，後腳有三根腳趾，不僅沒有大蹄子，還長著十分柔軟的腳掌，根本就不適宜在堅硬的土地上奔跑。牠的牙齒又短又小，這就證明牠只能吃鮮嫩的軟草和樹葉，不能嚼食較硬的草類，和現代馬大不相同。

　　始祖馬所生活的第三紀初期，氣候非常濕熱，到處生長著茂密的森林和碧綠如茵的軟草地。馬兒的個子如果太大，根本就甭想鑽進密林裡。再說，林下的土地上是落葉層和柔軟的草地，也用不著有一個又硬又沉重的大蹄子。

　　只是後來，氣候一天天變得乾旱，大片的森林消失了。隨後，出現了乾燥的荒漠和草原。為了適應環境的變化，始祖馬們也逐漸進化，到了距今3500萬年前，出現了奔跑更方便、咀嚼能力更強的三趾馬。

　　大概300萬年前，為了躲避兇猛的野獸，三趾馬不得不跑得更快。於是個兒變大了，長得更強壯了，中趾慢慢變成了適於長途奔跑的蹄子。在粗糙的食物研磨下，牙齒也發生了變化，終於進化成了我們所熟悉的馬的樣子了。就是這樣艱苦的環境造就了今日的千里馬。

熊與奇鼠的武器

在中國東北的大森林中，有一種叫貂熊的動物，一旦發現了小動物，牠就會在小動物四周用尿撒成一個大圓圈。接下來奇怪的事情就發生了，被困在圓圈中的小動物就如同著了魔一般，拼盡全力也衝不出尿的包圍圈。

更令人驚奇的是，當貂熊在圈中捕食獵物時，就是狼、豹、虎等兇猛大野獸也不敢踏入這一禁圈。貂熊這種神奇的魔力，多像孫悟空用金箍棒畫出的圓圈啊！

與貂熊很相似的是在非洲的莫三比克有一種動物叫奇鼠，牠碰到貓後就繞著貓跑一圈，貓便全身發抖，癱倒在地，奇鼠趁機躥上去，咬斷貓的氣管。

經科學家研究發現，貂熊和奇鼠的「魔力圈」是由特殊的「氣味語言」構成的。在動物世界中，許多動物

都能使用「氣味語言」。不同的動物會產生不同的激素和不同的氣味功能。目前，人們發現動物有100多種資訊「語言」是用氣味傳遞的。

幫助騾子找父母

天，小騾子傷心地哭了，因為牠想找到自己的媽媽，可是牠卻不知道媽媽究竟是誰。

大黃牛想小貓是老貓的孩子，小狗是大狗的孩子，自然界的大部分生物都能產生自己的後代，並且代代相傳。那麼，小騾子也是騾子的孩子。因此牠帶著小騾子找到一頭老騾子，但老騾子說牠沒有孩子。

大黃牛也想不出辦法了，最後小鳥給牠們出主意讓牠們找遠處的那個牧羊人幫忙。牧羊人聽後哈哈大笑，原來，騾子的父母並不是騾子，而是馬和驢子呢！

只要你仔細觀察，你就會發現騾子既像馬，也像驢——騾子的頭、腳、屁股都像驢子，但是尾巴卻完全是馬的尾巴。騾子的身材和聲音都與父母不完全一樣。所以，我們還是能將騾子和牠的父母區分開的。

另外，騾子是一種能吃苦的動物，牠身體健壯，具備超常的忍耐力，對惡劣環境的適應力很強，可以做一些馬都不能勝任的工作。比如，騾子能走很長的路而不知疲倦，牠還能背很重的貨物。另外，牠還能協助採礦、滅火，等等。騾子具備了馬和驢的優點，甚至還超過牠們呢！

騾子的父母是馬和驢，母馬與公驢交配生下的駒，叫做「馬騾」；母驢與公馬交配生下的駒，叫做「驢騾」。

騾子是馬與驢雜交後生下的一種「雜交種」，這樣交配得來的騾子的生理機能就變得不正常，所以騾子不能產生正常的生殖細胞，也就不能生育。因此，人們想要騾子，還必須依靠馬和驢子呢！

哈 努曼猴的惡作劇

晨，森林很安靜，陽光輕柔地灑在林中，動物們大都剛從睡夢中醒來，一切是那麼的平靜、祥和。

但這平靜沒過多久就被一陣巨大的嘯聲打破了，森林漸漸被緊張的氣氛所籠罩。動物們都停止了腳步，因為大家都知道這嘯聲的來源兇猛無比，力大無窮。能夠保護自己的唯一方法就是逃走，於是大家聚到一起拼命地奔逃。這個巨大嘯聲的發出者，就是世界上最大的食肉動物，森林之王——老虎。

只見一隻孟加拉虎正在頻繁地將自己的氣味留在樹木上，這是在標記牠的領地。雄性孟加拉虎佔有約25平方公里的領地。在這片森林中，許多動物都是孟加拉虎的獵物。孟加拉虎為捕捉這些獵物，通常會在10～20公

里的範圍內徘徊。

　　孟加拉虎每天大約需要6公斤的肉食，如果不進食，即使是森林之王也是無法生存下去的。

　　現在，這隻孟加拉虎來到一處水源附近，剛好幾頭水鹿正在水邊休息，牠們彷彿感知到了什麼，立刻警戒地豎起尾巴。

　　隨著警戒度的增強，牠們會不斷地踏著步。孟加拉虎隱蔽在遠處的樹叢中，正悄悄接近獵物，過了一會兒，牠的目光在一瞬間發生了變化，因為牠覺得捕獵的時機到了。

　　一隻巨大的水鹿出現在牠的面前，牠鎖定了目標。就在這時，從樹上傳來一聲預示危險的叫聲，水鹿意識到了險境，牠努力與將要襲來的孟加拉虎保持著充分的逃逸距離。最終，水鹿逃脫了。

　　是誰毀了孟加拉虎的大餐呢？原來這是哈努曼猴（長尾葉猴）的惡作劇，不過也算是牠搭救了水鹿。一般來說坐在樹上的哈努曼猴，一旦看到虎的出現，就會大叫。幾乎就在最後的衝刺時，哈努曼猴的叫聲常常會使孟加拉虎竹籃打水一場空。

　　今天，沮喪的孟加拉虎又失去了到嘴的食物，恐怕又得餓肚子，誰讓牠又遇到了喜歡「惡作劇」的哈努曼猴這個討厭的剋星呢？

白鼬媽媽的死亡舞蹈

鼬媽媽又在捕獵了，牠的身影在樹叢中移動，
原來牠在找老鼠的窩，當牠找到後就會縮身
鑽進去。在鼠洞如此狹小的空間裡，白鼬媽媽行動起來
卻非常靈活，因為牠的身體很柔軟。

　　白鼬媽媽對獵物有著異常執著的信念，牠絕不放棄
獵捕幼鼠們的最初目標。

　　後來白鼬媽媽的捕獵行動成功了，牠叼著獵物回到
自己的家中，牠的6個孩子就生活在一個樹樁下的洞穴
中。牠將獵物拋到洞中後，沒有休息片刻就又出發了。

　　對於白鼬來說，撫育後代的責任由母鼬獨自完成。
因此在育兒期間，白鼬媽媽要將盡可能多的獵物帶回巢
中，才可以養活眾多子女。

　　為了孩子們，母親將下一目標鎖定在了更大型的動

物身上，是一隻野兔。

　　這隻雌性野兔甚至比白鼬媽媽的體形要大上好幾倍，白鼬媽媽先是謹慎地觀察著對方，牠好像有些猶豫了，但當牠想到那些幼小的兒女時，母親的責任使牠又生出了勇氣，牠深吸一口氣衝向目標……但情況發生了逆轉，野兔開始了反擊！白鼬拼命奔逃，龐大的對手在其後緊追不捨。

　　白鼬媽媽費了好大的工夫才逃了出來，這一次捕獵就這樣失敗了。

　　白鼬媽媽躲在草叢中並沒有離去，因為牠沒有就此甘休。牠一邊觀察著野兔，一邊又慢慢向對方靠近。

　　雌兔和牠的孩子們好像有所察覺，但就在這時，白鼬媽媽使出了牠的殺手鐧。只見牠衝到野兔們的身旁，忽然跳起了舞蹈，一種輕盈而又瘋狂的奇妙的舞蹈。兔子們為眼前突如其來的舞蹈感到很茫然，不知發生了什麼事，只是怔怔地看著。誰也沒想到就在最後一瞬間，白鼬忽然發起了攻擊！

　　兔子被這意外的攻擊嚇得四處逃散。混亂中，白鼬媽媽撲向一隻幼兔，牠咬住獵物的頸部，使其斷氣。

　　白鼬媽媽又勝利了，白鼬媽媽這次叼著與自己體重幾乎相等的獵物又回到了孩子們身邊。

科學實驗室・實驗一
貓的眼睛

你觀察過貓的眼睛嗎？下面我們就來看一看貓的眼睛到底有什麼特點吧！

▶ 你需要準備的材料

1隻貓。

實驗步驟

一、在中午光線特別好的時候觀察貓咪的瞳孔，發現是一條直線。

二、在夜晚觀察貓咪的瞳孔，發現特別大，如同滿月一樣。

實驗大揭祕

人的眼睛看強光，看了一陣子以後，一定會覺得不舒服。如果對著很強的光，眼睛會連睜都睜不開。

可是貓咪卻不一樣，因為貓的眼睛瞳孔括約肌的伸縮能力很強，光線強的時候，瞳孔可以縮得很小很小，像一條線一樣；光線弱的時候，瞳孔又可以放大，大的

跟滿月一樣圓大。如果留心一下，你會發現，貓的瞳孔成一直線的時候，一定是在中午太陽光線強烈的時候。而在室外，牠的眼睛就睜得滾圓，老鼠見了一定會更加膽戰心驚。因為貓咪的瞳孔括約肌比人類具有更大的伸縮能力，眼睛對光線的反應也比人要靈敏，因此貓咪不管在強光、弱光或黑暗中，都能看清楚東西。

科學小常識

就是因為貓咪有很好的視力，所以牠才能不斷地捉到老鼠。

科學實驗室・實驗二
耐渴的駱駝

為什麼駱駝能夠在沙漠中長時間行走而不口渴？

▶ **你需要準備的材料**

1面帶有手柄的鏡子。

實驗步驟

一、把鏡子放在嘴邊，張開口朝鏡子吹幾口氣。你會發現，鏡子變得模糊了。

二、再吹幾口氣，仔細觀察鏡子，你會看到鏡子上有許多細小的水珠。

實驗大揭祕

我們呼出的氣體中含有水蒸氣，水蒸氣凝結在鏡子上，所以鏡子會變得模糊。駱駝也和我們人一樣，呼出的氣體也含有水蒸氣。呼吸時，這些水蒸氣的一部分會跑到鼻子外的空氣中，一部分則留在鼻腔呼吸道內。人的鼻腔呼吸道短而直，而駱駝的則長而彎曲。所以，駱駝呼出的水蒸氣大部分會留在鼻子裡，而不會散發到體

外。因此，即使很長一段時間不喝水，駱駝也能行走在炎熱的沙漠中。

　　世界上什麼大型哺乳動物最耐渴？也許你馬上會想到駱駝。的確，駱駝極其耐渴。在炎熱乾燥的沙漠中，人如果24小時不喝水將會因為脫水而死亡，但是駱駝卻可以長達一周不喝一滴水也能生存下來。

　　但是與生活在非洲撒哈拉地區半沙漠地帶的彎角劍羚相比，駱駝的這點本事就算不上什麼了。彎角劍羚竟然可以長達10個月不喝一滴水！

不會轉彎的綿羊

如果你去追趕一頭綿羊，牠會怎麼跑呢？

▶ 你需要準備的材料

1隻綿羊。

一、將綿羊牽到自己身旁。

二、想辦法嚇牠，並拼命追趕牠。你會看到，綿羊大都
　　會沿一條直線奔跑。

實驗大揭祕

　　動物的很多天性跟牠們長期的生活習慣相關。綿羊
的祖先經常被狼、虎等大型兇殘的動物殘殺和追趕，而
綿羊在長期的被追趕中，總結出了一條經驗，那就是如
果牠們轉彎的話，追趕牠們的大型動物就會很快地將牠
們抓住，因為那些大型動物能迅速找到更便捷的途徑截
住牠們，此時牠們將被攻擊而沒有退路。所以，無論我
們怎麼拼命追趕綿羊，牠們都會一直的往前跑直線。

科學小常識

　　與綿羊正好相反的是，兔子很擅長拐彎。這是野兔最早採取的一種逃生手段，比如當獵人逐漸靠近自己，向上撲的時候，牠就會機靈地向側面一個急轉，使獵人撲個空，有時甚至還會使獵人再緊跟著栽個跟頭，於是牠就成功逃跑了。

6

你不是媽媽從路邊撿來的
——破解生命的密碼

你 不是媽媽從路邊撿來的

多父母會跟孩子們開玩笑說：「你是媽媽從路邊撿回來的。」

小朋友們總是信以為真，直到有一天老師告訴他們，他們並不是媽媽從路邊裡撿來的，也不是從河邊抱來的，而是媽媽的卵子和爸爸的精子相結合的產物，而且來到這個世上可是要經過千辛萬苦的過程的。

爸爸的身體當中一般一次可以排出3～5億個精子，但是在這些精子當中，最終可以同媽媽的卵子相結合的精子只有一個。

當精子尋找卵子時，要經過一個漫長艱難的過程。首先有大部分的精子被媽媽體內分泌的酸性物質所殺死，只有安全通過這一關的精子才能夠進入到子宮當中，但進入了子宮後又被守護子宮的士兵白血球大量捕

殺。

即使逃過了白血球的捕殺，精子們還要通過叫做「輸卵管」的管道，才能在千辛萬苦之後到達卵子的住所。怎麼樣？精子要走的路程，夠漫長，夠危險吧？就這樣到達卵子的住所時，剩下來的精子最多也就只有100到200個了。

接下來，精子們為了穿透卵子的細胞壁，全都緊貼著卵子，但是卵子的細胞壁相當厚，最終能進入的精子也只有一個。

即使有再多的精子圍繞在卵子周圍，一旦哪一個「幸運兒」成功進入了卵子，其他的精子都要吃「閉門羹」，而且絕對無法再敲開卵子的大門了。所以到最後3到5億個精子中，只有一個精子與卵子結合形成受精卵，其餘的將全都死掉。

這樣唯一的一顆受精卵就將造就日後世上獨一無二的我們，所以我們每一個來到這個世界上的人都是了不起的。

胎兒的成長故事

常看見幸福的爸爸貼在媽媽的肚子上傾聽小寶寶的動靜，也常聽到滿臉笑容的媽媽說：「小寶貝又踢了我一下。」寶寶在媽媽的肚子裡面有些什麼「娛樂」活動呢？現在，醫學家可以透過超音波掃描觀察子宮中的胎兒，在電視螢幕上看清胎兒的一舉一動。

胎兒是可以看見東西的。他的眼睛在他睡覺或換姿勢時會移動。小胎兒還能感覺到一束照在母親的肚皮上的強光，通過子宮壁和羊水的強光就像穿過指縫的淡淡的手電筒光一樣。每當這個時候，胎兒就會把小臉朝向光亮的地方，並睜大眼睛。

胎兒還能聽音樂。據觀察得知，他喜歡聽每分鐘60拍左右，與母親的心跳速度十分接近的慢節奏音樂。當媽媽放音樂時，他會轉過頭來，用耳朵收聽外界的聲響。

　　胎兒長到4個月大的時候，舌頭上就開始發育出味蕾了。挑食的小寶寶特別喜歡甜味，而討厭苦味。

　　小寶寶還具有觸覺反應的能力。如果他的小腳丫被碰到，他會把腳丫張開，像把小扇子；如果小手被碰到，則會握起小拳頭。

　　胎兒三四個月大時已經具有排尿功能，有尿液積在他的小膀胱裡。現在研究得知，7個月大的胎兒每小時大約排尿10毫升，出生前夕，每小時可增加到27毫升。這些尿液和其他代謝廢物一樣，透過母親的胎盤排出體外。

　　胎兒長到8個月大，已十分「能幹」了。在無意識中，他打呵欠、抓東西、吮吸手指。伸胳膊、蹬腿和伸懶腰，他還微笑、皺眉頭。甚至向母親做鬼臉呢！

　　看看，人類是不是很能幹啊，從胎兒時期就開始了探索的歷程。

襪子怎麼會「變色」呢

794年的某天是英國化學家約翰‧道爾頓的母親70歲生日。孝順的道爾頓沒有忘記這一天,特意跑了幾家商店,給老母親買了一雙在他看來顏色很好看的襪子。回家後,母親接過道爾頓買來的那雙新襪子,看了看,順手放在一邊,臉上掛著欣喜的笑容。道爾頓想讓媽媽穿上那雙襪子,但媽媽因為襪子顏色太鮮豔就不想穿。

「媽,這是一雙藍色襪子,顏色正適合您穿呢。您怎麼說顏色很鮮豔?」道爾頓驚訝地問。

「傻孩子,媽沒看錯。我這麼大的年齡穿這樣的襪子是不能進教堂的。」道爾頓的媽媽笑了笑說,「沒關係,媽媽很高興,媽媽心領了。」

道爾頓感到很納悶,連忙喊來了弟弟。

「弟弟，你說這襪子是否適合媽媽穿？」道爾頓問。

「藍色的襪子，正適合媽媽這種年齡穿。」他的弟弟說。

「這明明是紅色，櫻桃紅，怎麼會是藍色？……」媽媽說。後來，一家人都圍過來，弄明白事情原委後，說：「道爾頓，你做學問太入迷了，所以會把藍色和紅色搞錯。」

當然，弟弟也少不了挨大家的奚落。大夥兒都說他太會討哥哥的歡心，竟然睜著眼睛說瞎話。一段時間後，大家把這事兒漸漸忘記了。可是，道爾頓覺得這件事情還是挺奇怪的。同時，他又突然想起童年時的一些怪事：那是一年秋天，他和小夥伴在果園裡摘蘋果吃。小朋友吃的蘋果又大又甜，自己吃的蘋果卻酸得難以下嚥。

小朋友都問他為什麼挑青的吃，而道爾頓說自己明明挑的是紅蘋果。小夥伴聽了，都哈哈大笑。

還有一次，一隊士兵從大街上走過，道爾頓看見了，不解地問同伴，士兵為什麼穿灰色衣服，而小夥伴說那是綠色的軍裝。想到這，道爾頓在心中暗暗地發誓：一定要弄個水落石出。

經過一段時間的潛心研究，他終於得出結論：他和弟弟都患有一種疾病——色盲症。隨後，他寫出了第一

篇關於色盲症的論文——《論色盲病》。

後來，他在研究中還發現，一個人成為紅綠或紅藍色盲，是因為眼睛裡的某種液體吸收了光中的紅、綠、藍光造成的，並在1794年寫了一篇題目為《各種顏色呈現程度的反常》的文章，闡述了自己的看法。遺憾的是，他還沒來得及看見自己的研究成果被人們所承認，就離開了人世。

直到1875年，道爾頓的觀點在瑞士的一次火車相撞事故中得到了證明。也就是從那時候起，道爾頓的色盲說，才被世界所公認。

英國人為了紀念道爾頓，把紅綠色盲症稱為「道爾頓症」。

名生物學家的婚姻悲劇

達爾文是19世紀偉大的生物學家，也是進化論的奠基人。然而他在沒有掌握生物界的奧祕以前，自己卻先受到了自然規律的無情懲罰，釀造了無法挽回的婚姻悲劇。

1839年1月，30歲的達爾文與表妹愛瑪結婚。但是，誰也沒有料到，他們的10個孩子中竟有3人中途夭亡，其餘或終身不孕或患精神疾病。

這讓達爾文百思不得其解，因為他與愛瑪都是健康人，生理上也沒有什麼缺陷，精神也非常正常，為什麼生下的孩子卻會如此呢？

直到達爾文晚年的時候，在研究植物的生物進化過程時發現，異花授粉的個體比自花授粉的個體，結實又多又大，而且自花授粉的個體也很容易被大自然淘汰。

直到那時達爾文才恍然大悟：自己婚姻的悲劇在於近親，所以後來他把這個深刻的教訓寫進了自己的論文。

還有一位曾經創立了「基因」學說的20世紀美國著名遺傳學家摩爾根，他也有一場不該出現的婚姻悲劇。他與表妹瑪麗結婚後所生的兩個女兒都是癡呆，並且過早地離開了人世，他們唯一的兒子也有明顯的智力殘疾。

教訓是如此的深刻而慘痛，那為什麼近親結婚會使後代患各式各樣疾病的可能性增加呢？原來，人體的生殖細胞，即男性的精子和女性的卵細胞，都有23條染色體，上面一共約有10萬個「基因」。基因上面攜帶著生命遺傳的「密碼」。

據估計，在這10萬個基因中，總會有五六個隱藏著遺傳病的基因。只要不是近親婚姻，男女雙方的致病基因就難以相遇。但在近親婚姻中，就有更多的機會使它們「對面相逢」。所以，近親結婚才會釀造出無情的悲劇。

DNA 指紋的功勞

們都知道鼎鼎大名的福爾摩斯大偵探柯南，他足智多謀，神機妙算，往往從一點蛛絲馬跡分析、推測、判斷，就能夠破獲一個個疑難的大案要案，給人留下深刻的印象。

但是你知道嗎？不論是福爾摩斯時代，還是現在我們還在用指紋、血型、眼膜紋、腦紋和聲音分析等標記來鑒別個體身分，這些都有一定限制條件，不是任何時候都能取得的。但辦法總是會有的，1984年，英國的傑佛瑞斯和他的技師威爾遜在基因裡發現小衛星（基因裡的微小結構）以致1985年得到DNA指紋以後，以前任何一種鑒別個體的標記和方法都不能與它比擬了。

一天，S城的一家銀行發生了惡性搶劫案。員警們在現場沒有找到有用的證據，正當他們都一籌莫展的時候，隊長在保險櫃旁的地板上發現了兩根頭髮，經DNA

驗證，這兩根頭髮不是銀行工作人員的，很顯然這是歹徒留下的。經過員警們的多方努力，依靠DNA指紋鑒定法，最後破獲了這起大案。

也許有人還不知道DNA指紋是什麼。其實它是從血液或其他組織中提取基因的DNA，用特定方法把DNA切割成很多長短不等的片段，把這些片段透過電泳的方法按長短分開，然後轉移、固定和雜交。

這些雜交的片段可以透過放射自顯影或染色處理顯示出來，形成我們肉眼能辨別的圖譜，一般包含15～30條帶（即雜交片段）。目前廣泛應用的是比較簡便的聚合酶鏈式反應的短串聯重複序列（PCR～STR）檢驗的方法，圖譜一般包含8～14條帶。

不同個體的圖譜是不同的，就像人的指紋一樣互不相同，所以叫做DNA指紋。而同一個體的不同生長發育階段和不同組織的DNA指紋是相同的。所以，它既有高度的個體的特異性，同一個體又是一致和穩定的。

從一滴血、一根毛髮、精液、幾個表皮細胞等小樣品，甚至從鼻中黏膜、唾液、長久的屍骨都能隨時做DNA指紋分析。所以，現在已被廣泛用於鑒定個體和法醫DNA分析，誤差率在百萬分之一以下，因而結果是非常精確的。難怪有人說福爾摩斯探案方式即將成為過去，現在是DNA指紋的時代。

因是遺傳的功臣

天早晨起床後，蘭蘭跑到鏡子前面看了一會兒鏡中的自己，然後問正在梳洗的媽媽：「媽媽，人家都說我跟你長得像，這是怎麼回事？」

媽媽笑著說：「每個人都和自己的爸爸媽媽長得很像。父母如果是個子不高的話，大部分的兒女也都不很高大；父母如果是天生卷髮的話，子女的頭髮也大部分是卷髮，就像我的眼睛大大的，蘭蘭的眼睛也很大一樣。這種現象就叫做『遺傳』。」

「為什麼會遺傳？」

「那是因為我們有一部分相同的基因啊。」

媽媽拍拍蘭蘭的頭說：「依靠基因，不僅僅是人的長相，就連頭腦、疾病等也是可以被遺傳的。血友病、唐氏症等就是最具有代表性的遺傳病。我們從父母那裡

繼承了許多東西，也將把它們傳給我們的後代。」

「那基因組計畫又是什麼呢？」蘭蘭問。

媽媽想了一會兒告訴蘭蘭所謂基因組，英文的名稱是「genome」，簡單地說，就是指人類所具有的所有遺傳基因的總和。

人類細胞的細胞核中，有23對，即46條染色體。在染色體當中，有一種叫做DNA的物質，與人類遺傳相關的基因就在這種物質當中。

染色體的外觀有點像長繩子，如果用筆把一個細胞當中含有的基因密碼全都寫出來的話，其長度將會超過1萬公里。基因是由四種鹼基的不同組合而形成的，基因組計畫的目的就是要測定人類DNA中含有的30億對基因的位置和鹼基序列。

人 可以長生不老嗎

很久很久以前,有一個人找到了「不老草」,就是傳說中人吃了可以長生不死的草藥,但這個人不知道究竟要把這棵「不老草」給誰吃。最後,他決定把這棵「不老草」獻給皇帝,於是他就拿著這棵藥草進宮去了。走到宮殿前面,他被守衛宮殿的衛兵攔住了。

在聽完這個人的解釋後,衛兵說:「我得檢查一下是真是假。」

說完後,這個衛兵就把「不老草」搶了過去,大口大口地吃了起來。

不一會兒,這件事就傳到了皇帝的耳朵裡,他十分生氣,就把那個不知好歹的衛兵抓來問話。

「你是不是吃了豹子膽,竟敢把進獻給朕的『不老

草』給搶去吃了？我看你是不想活了！」

皇帝盛怒之下，就要讓人把這個衛兵拉出去斬了。
但是衛兵卻回答道：「皇上請先聽我說，小人只是想幫
皇上檢查一下藥草的真假，才斗膽吃了啊。要是皇上把
我給殺了，那這藥草可就不能叫做『不老草』了，吃了
『不老草』的人，不是可以永遠不死、長生不老的嗎？
我吃了『不老草』，但皇上如果殺了小人，這藥草就是
『奪命草』了啊。這樣一來，那個獻草之人一定是在矇
騙陛下，小人所做的一點也不為過啊。」

聽了衛兵的話，皇帝也無可奈何，只好把他給放
了，因為不管怎樣，他的話還是有道理的。

從古至今，都有許多人想要長生不老。有些權大勢
重的人為此不惜一切代價，但結果總是事與願違。

每一個人都會隨著年齡的增長，不斷發生著變化，
所以組織和細胞在形態、構造與機能上都會慢慢衰退、
老化，直至死亡，這是客觀規律。所以迄今為止都沒有
找到讓人長生不老的方法。

體長高的祕密

讀過《白雪公主》的人，對七個小矮人都有印象吧？不光是在童話裡，即使在我們的身邊，也總能見到個子很矮小的人。

有一天「矮個子」毛毛去找「巨人」飛飛，詢問飛飛長高的祕訣。他問：「飛飛，飛飛，你告訴我，我為什麼就長不到你那麼高呢？」

飛飛想了一會兒說：「我聽博士爺爺說過我們的身體是由無數的組織和血管組成的，吃入的食物後從胃向腸移動的過程中逐漸被分解消化，此後，營養成分透過血液被運送到全身，無論是身體的哪一個地方出了問題，這個過程都是無法順利完成的。我想，你可能是哪部分出了問題吧？」

毛毛聽後急得都要哭出來了，飛飛說：「別急，我

們找博士爺爺問問吧。」

　　到了博士爺爺家後，聽完毛毛的述說，博士爺爺說：「為了使我們身體內各個器官可以相互協助、共同工作，就需要一種聯絡和管制的手段，而且為了讓各個器官努力工作，也需要一種可以刺激它們的方法。傳遞這種資訊和下達這種命令的就是一種叫激素的物質。」

　　爺爺看了看毛毛與飛飛又說：「激素叫做『成長激素』，就是我們成長所需要的激素。成長激素促進骨骼和肌肉的發育，如果成長激素分泌量過少，人的個子就會停止長高，毛毛就是因為這個而長不高；成長激素分泌量過多，人的個子就會長得過高，飛飛就屬於這種類型。」

　　看到毛毛與飛飛驚慌的樣子，爺爺又說：「你們別怕，讓爸爸媽媽帶你們去醫院看看，會有醫治的辦法的。當然飛飛就可以不用再長高了，毛毛呢，如果身體合適就可以長得高一點了。」

的有「音樂細胞」嗎

　　大毛和二毛是一雙好兄弟，大毛有副好嗓子，能唱出好聽的歌聲，但二毛唱歌老跑調，為此，二毛很苦惱。這天他靈機一動要向哥哥大毛「借」點音樂細胞，哥哥拍了弟弟的肩膀一下說：「又胡扯，哪有什麼音樂細胞啊？」

　　「誰胡扯，你看看這個，最新的科學研究說大腦有音樂細胞存在。」說著，二毛把一本雜誌遞給大毛。大毛看到雜誌中有一篇文章說美國洛克菲勒大學的科學家最近做的一些實驗，證明了大腦中確實有「音樂細胞」的存在。

　　科學家們透過實驗，在會唱歌的雄黃雀大腦中發現一種組織，當把這種組織破壞之後，本來愉悅的雄黃雀變得沉默了。

更令人感興趣的是，如果他們把這種組織植入雌黃雀的腦中，本來只會「欣賞情歌」的雌黃雀，竟也唱起了動聽的歌兒。由此，科學家們斷言，這種新發現的組織，就是黃雀的「音樂細胞」了。

二毛還告訴大毛，過去，人們總習慣把智力、才能、記憶力等歸入精神的範疇。後來，由於腦科學的發展，記憶力和智力被認為是一種化學物質的特性。

這種細小的蛋白質，由若干氨基酸分子按一定次序排列構成。每一種排列次序和組合形式，代表著一種記憶力或智力。

研究人員從經過訓練已形成躲避黑暗的條件反射的大鼠腦中，分離出一種叫「恐暗15肽」的多肽物質，把這種多肽物質注入未經訓練的大鼠體內，原來喜歡黑暗的大鼠，也害怕起黑暗了。而黃雀的「音樂細胞」，很可能也與該組織中某些多肽物質的形成有關。

真希望隨著腦科學的不斷進步，那些沒有或缺少「音樂細胞」的不懂音樂者，終將有一天可以透過移植、培養「音樂細胞」的科學方式達到與音樂家們分享音樂樂趣的目的。

這雖是一個夢想，但說不定某一天也可能會變成現實喔，那時二毛也可一展歌喉了。

科學實驗室‧實驗一
視覺盲點

你瞭解你的視覺盲點嗎？來做下面的實驗吧！

▶ 你需要準備的材料

1張A4白紙、1支筆

實驗步驟

一、用筆在白紙上畫一個圓點，然後拿起白紙，閉起一
　　隻眼。

二、調節眼睛和白紙的距離，在某一個距離，你會發現
　　紙上的圓點不見了。

實驗大揭祕

　　這是因為視覺盲點的緣故，一直眼睛看東西的時
候，形成了視野縫隙，這樣造成視網膜上某一點沒辦法
感光，於是形成了盲點。

　　視網膜上無感光細胞的部位稱為盲點，盲點是視神經穿過的地方。這個地方沒有視覺細胞，物體的影像落在這個地方也不能引起視覺。

　　由於人眼的視神經是在視網膜前面，它們彙集到一個點上穿過視網膜連進大腦，如果一個物體的像剛好落在這個點上就會看不到，稱為盲點。

　　當我們用兩隻眼睛看東西時，同一點的反射光線到達左右眼睛的視網膜上的位置不一樣，即使一條光線正好在盲點，另一條光線也不會在另一隻眼睛的盲點，因此我們看見的都是完整的圖像。盲點就是視網膜上沒有視覺感覺細胞的那一點，你只用一隻眼看東西時如果細心，就可以看到。

科學實驗室・實驗二
手的顫抖

想保持手平穩不顫抖,再沒有支撐物的情況下是不可能的。

▶ 你需要準備的材料

筷子、小鈴鐺。

實驗步驟

一、將小鈴鐺穿在筷子上,用手平拿筷子,手臂與身體呈90度伸直。

二、過不了多久,你就感覺很疲倦,越是想保持手不動,鈴鐺越是響。

實驗大揭祕

人的肌肉本來是一會收縮,一會放鬆的,只是平時很難觀察出來。當伸直胳膊,保持一個姿勢一段時間以後,肌肉疲勞,於是顫抖表現的很明顯,從而帶動鈴鐺一直在響。

　　生理性的手抖動幅度小而且速度快，是一種細小無規律的抖動。生理性手抖動是在情緒波動或者極度疲勞的情況下出現的。

　　一旦引起手抖的上述原因消除，手抖也隨之消失。還有一種抖動就是病理性抖動，需要去醫院接受治療。

科學實驗室・實驗三
觸覺是什麼樣子

你知道人身上不同的部位觸覺是不一樣的嗎？

▶ **你需要準備的材料**

小剪刀。

一、讓朋友伸出手臂，請他閉上眼睛。

二、把剪刀打開約3cm，用兩個刀尖同時接觸他的胳膊。
問你朋友有幾個刀尖，你的朋友只能感覺到一個刀
尖。

　　人的不同身體部位的觸覺是不一樣的。手臂上的神
經末梢相對來說比較少，因此無法準確的感覺到有幾個
刀尖。

　　神經末梢為神經纖維的末端部分，分佈在各種器官和組織內。按其功能不同，分為感覺神經末梢和運動神經末梢。感覺神經末梢又稱傳入神經末梢，接受外界和體內的刺激。運動神經末梢又稱傳出神經末梢，把神經衝動傳達到肌肉和腺體組織上，使它們產生運動和分泌活動。

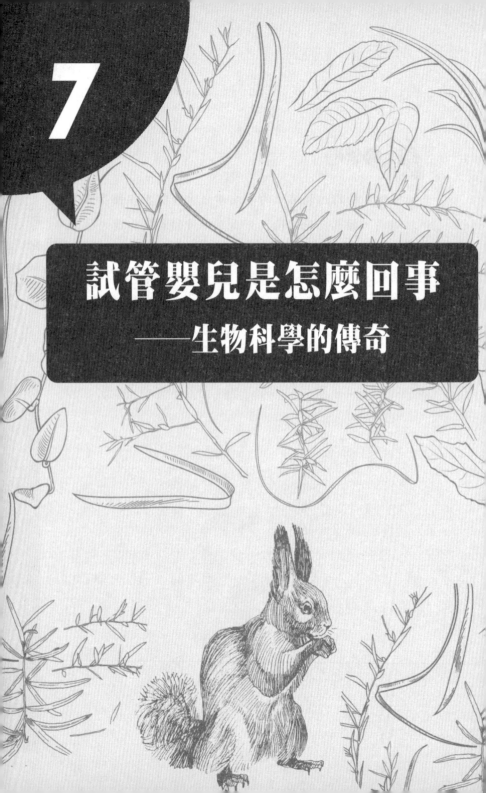

7

試管嬰兒是怎麼回事

——生物科學的傳奇

轟動世界的克隆羊「桃莉」

1997年2月23日，英國倫敦新聞界報導了一則震驚世界的消息：愛丁堡羅斯林研究所的科學家們宣稱，他們運用克隆技術——透過把單個綿羊細胞與一個未受精卵相結合——培養出了世界上第一隻沒有父母的綿羊。

這是人類克隆史上的又一重大突破。羅斯林研究所的威爾穆特博士給這隻出身奇特的小羊取名為桃莉。因為博士喜愛英國鄉村歌手桃莉‧巴頓，她一頭金髮，漂亮而性感。

世界各國新聞媒體爭相報導，記者們蜂擁前往。他們是這樣描述桃莉的：桃莉渾身潔白，長著細長彎曲的羊毛，粉撲撲的鼻子，左耳上繫著一個紅色小身分牌。

桃莉生於1996年7月，出生體重為6.6公斤。如今，

牠年齡7個月，體重45公斤，發育正常，頑皮可愛。桃
莉全然不知道自己的特殊身分，像其牠小羊一樣吃草、
睡覺和歡蹦亂跳，牠還從飼養員手中搶東西吃……

一夜之間，小羊桃莉成了世界上頭號新聞「人物」！
人們稱桃莉為「The Lamb of the God」(上帝的小羊羔)，
是耶穌的第二次復活。

桃莉確實不是一隻普通的綿羊，牠的身世不像普通
羊是透過雌雄兩隻羊交配後生產出來的，而是科學家用
一個成年羊的乳腺細胞，經過克隆技術培育出來的，中
間不涉及公羊母羊交配、精子卵子結合等性的問題，這
樣培育出來的羊稱無性繁殖羊。

桃莉的誕生徹底改變了人類的繁殖觀，牠以確鑿的
證據證明了無性繁殖，即體細胞繁殖在高等動物中的可
能性。這無疑是生命科學的重大突破，甚至有人拿牠與
原子能的發現相比。

克隆技術之所以全世界掀起一場軒然大波，與人們
對「克隆人」的擔憂密切相關。克隆技術是一個具有劃
時代意義的重大的科學技術突破，既然羊、牛的體細胞
的全能性在特殊條件下能被啟動，從而克隆出整個動
物，那麼，人也是一種哺乳動物，克隆人的成功就不是
不可能的了。

人們擔心，一旦克隆技術用於人體自身，就有可能

成為人類的「生物原子彈」。人類社會的倫理道德將會面臨「滅頂之災」……於是，世界各國政府都已經發出了禁止進行人類無性繁殖試驗的命令。

其實，克隆技術是生物科學上的一個進步。科技的成果是掌握在人類手中的。

如果人類能夠理智和謹慎地利用克隆技術，那麼克隆技術將會把人類社會帶入一片美好的新天地。

麻 醉藥是怎樣發明的

麻醉藥是外科手術的「好朋友」。在麻醉藥發現和發明前，許多外科手術是不能做的，就算能做外科手術，也會給病人帶來無限的痛苦。

歷史上有記載的最早的麻醉藥，可算是中國後漢和三國時代的華佗了，他動手術前總給病人服用「麻沸散」，據說用了「麻沸散」可以做胃腸等大手術。

麻醉藥最早是由我們中國人發明的，可惜「麻沸散」的單方沒有能流傳下來。

很長時期以來，開刀動手術對病人來說，始終是痛苦萬分的。直到現在，在英國倫敦醫院裡，還陳列著一座巨大的吊鐘。

100多年前，這吊鐘就懸掛在醫院大廳裡，每當遇到病人手術時因為劇痛難熬而拼命掙扎時，就撞響這口

鐘，醫院裡的醫生護士就會聞聲趕去，將那掙扎著的病人，用力按住，好讓醫生動手術。

那時，手術不管是對醫生還是病人，都是令人望而生畏的。如何消除病人在開刀時的疼痛，成為外科醫學發展道路上必須攻克的大難題。

直到1799年，英國大化學家德維發現笑氣能麻醉神經。1845年美國一些牙科醫師利用笑氣作麻醉藥來拔牙，這可算是西方在外科上首先試用的麻醉劑。但由於對麻藥的劑量不易掌握而經常藥力不足，使麻醉的效果不很理想。

美國醫師摩頓聽化學家傑克遜無意中提起自己曾被乙醚汽熏入睡的事情，大受啟發，摩頓猜想乙醚可能有麻醉作用。於是，他開始在動物身上做試驗。摩頓讓一條狗吸入乙醚蒸汽。幾分鐘以後，這條狗睡著了，失去了知覺和對疼痛的反應。幾次試驗後，摩頓高興萬分，他充分證實了乙醚的麻醉作用。

1846年10月16日，這是麻醉醫學史上一個值得紀念的日子。摩頓在麻塞諸塞州總醫院公開演示乙醚麻醉術。

手術開始了。病人經乙醚麻醉後，很快就昏睡了，手術十分順利。美國詩人兼醫生霍爾姆斯建議把這種鎮痛藥稱為「麻醉藥」。從此，動手術就不那麼可怕了。由於乙醚麻醉有安全、穩定等優點，這個百年老藥迄今

仍在發揮作用，許多醫院仍然用乙醚作全身麻醉劑。

但乙醚作全麻藥仍有它的缺點，例如呼吸系統疾病的手術就不能用它作麻醉劑。1847年，英國醫生辛普遜和他的同伴鄧肯及祁恩找到了另一個更優於乙醚的麻醉藥：氯仿。

進入20世紀以來，麻醉藥像雨後春筍般地誕生了，科學家們發現和發明了形形色色的麻醉藥，真可謂琳琅滿目，不勝枚舉，它們在各自的「崗位」上發揮著應有的作用。

值得一提的是，1970年，中國醫學家成功地採用中藥洋金花等使一千多年前的麻沸散重放光芒，博得中外醫學家的好評。

試 管嬰兒是怎麼誕生的

多人以為「試管嬰兒」就是胎兒的整個生長過程都在試管中進行的。其實不然，「試管嬰兒」的實質是把媽媽的卵子從母體中取出來，放在「試管」中，然後與爸爸的精子結合，透過受精點燃生命的火花之後，這個生命的「火種」還要從「試管」中移回媽媽的子宮內與其他正常母體內受精的卵一樣，在子宮內一天天長大。

卵子在玻璃器皿中受精的過程，很像化學家用試管作實驗，所以人們就把這樣得到的寶寶形象地稱為「試管嬰兒」。第一個試管嬰兒是何時誕生的呢？

英國一位火車司機約翰·布朗和妻子萊斯莉結婚以後，長期不能生育。婦科醫生斯特普頓經過細心地檢查，確診是由於布朗夫人的輸卵管堵塞了。斯特普頓又透過認真地檢查和分析發現，布朗夫人的卵巢是健康

的，排出的卵細胞也是成熟的，惟一的障礙就發生在沒有進入子宮的通道。

於是一個大膽的想法浮現在斯特普頓的腦海：如果將布朗夫人的體內成熟的卵細胞取出來，讓它在母體外人工受精，成為受精卵，再送回到子宮裡去發育，不就可以成功地孕育新生命了嗎？

當然，這項技術和手術都是十分複雜的。於是，斯特普頓與劍橋大學的羅伯特·愛德華教授合作，徵得布朗夫婦的同意，從布朗夫人的卵巢中取出成熟的卵細胞，放在特製的培養液中，並用布朗先生的精子進行體外受精。

卵細胞體外受精成功後，他們又不斷交換培養液。直到受精後的第6天，受精卵已開始分裂，發育成一個多細胞的胚胎。斯特普頓醫生就在此時將這個胚胎放回到布朗夫人的子宮內膜上。

胚胎在嵌入子宮內膜並得到母體營養後繼續生長、發育，經過正常妊娠，布朗夫人終於在1978年7月26日順利產下一個女嬰。她金髮碧眼、身體健康，取名為露易斯·布朗。因為小露易斯形成胚胎的最初過程是在試管裡進行和完成的，所以她就被稱為世界上第一例試管嬰兒。

自第一個試管嬰兒問世以後，全世界掀起了試管嬰兒熱，很多國家競相研究試管嬰兒。試管嬰兒技術也越來越熟練。

垃圾也能做能源

炎的夏日，在沼澤地、污水池和糞池裡經常可以看到許多大大小小的氣泡從裡面冒出來。如果用玻璃瓶把這些氣體收集起來，點燃後，瓶口會出現淡藍色的火焰。這種能夠燃燒的氣體就是沼氣。

沼氣是微生物在缺少氧氣時，透過發酵將秸稈、雜草、人畜糞便等有機物質分解而產生的一種可燃性氣體。城市汙水處理廠產生的活性污泥，也可以在密閉的消化池中經發酵生產出沼氣。

在合適的溫度、濕度和酸鹼度下，微生物產生沼氣的速度很快。產生出的沼氣是多種氣體的混合物，其中甲烷占大部分，平均含量約為60％，二氧化碳平均含量為35％。沼氣可作為能源，用於發電、照明及家庭和工業燃料。1立方米的沼氣完全燃燒，可釋放出5203～6622

千卡的熱量。

　　微生物是沼氣發酵過程的關鍵因素。產甲烷的細菌種類很多，根據它們的細胞形態、大小、有無鞭毛、有無孢子等特性，可分為桿菌類、球菌類、八疊球菌類和螺旋菌四類。

　　甲烷細菌分佈廣泛。在土壤、湖泊、沼澤中，在池塘污泥中，在牛、羊的腸胃道中，在牛、馬糞和垃圾堆中，都有大量的甲烷細菌存在。

　　此外透過沼氣發酵還可獲得優質肥料。因此，越來越多的人認識到綜合利用沼氣的廣闊前景，並且採取各種措施支持沼氣利用。

花惡魔是怎樣制服的

法國著名的醫生琴納從小就刻苦學習，大學畢業後回到家鄉開始行醫，有一年他的家鄉天花肆虐，奪去了無數的生命，琴納很傷心，於是他一邊行醫，一邊研究治療天花病的方法。

琴納透過學習知道，中國人已發明了往人的鼻孔裡種牛痘預防天花的方法，只是這種方法並不安全，輕的留下大塊疤痕，重的還會死亡。

有一次，鄉村裡有檢察官讓琴納統計一下幾年來村裡因天花而死亡或變成麻臉的人數。他挨家挨戶瞭解，幾乎家家都有天花的受害者。但奇怪的是，養牛場擠奶女工中間，卻沒有人死於天花或臉上留麻子。

細心的琴納沒有放過這個奇特的現象，他挨個問擠奶女工得過天花沒有以及乳牛得過天花沒有。擠奶女工

告訴他，牛也會得天花，只是在牛的皮膚上出現一些小膿疱，叫牛痘。擠奶女工給患牛痘的牛擠奶，也會傳染而起小膿疱，但很輕微，一旦恢復正常，擠奶女工就不再得天花病了。

「怪，真奇怪。」琴納在輕聲地自言自語，「為什麼得過天花的人，就不會再得天花了呢？難道這裡有什麼祕密嗎？是不是得過天花的人就會有免疫力？」琴納由這一線索入手，開始研究用牛痘來預防天花。

1796年5月的一天，琴納從一位擠奶姑娘的手上取出微量牛痘膿疱，接種到自己兒子的胳膊上。不久，種痘的地方長出痘疱，接著痘疱結痂脫落。一個月後，他又在兒子胳臂上再接種人類的天花膿疱。儘管這樣做非常危險，但是為了驗證種痘的效果，為了消滅天花這個惡魔，琴納還是咬著牙將針扎進了兒子的肩膀。最後，奇蹟出現了，兒子沒有出現任何天花病症。

1798年，琴納宣佈自己的試驗成果，可是英國皇家學會一些科學家根本不相信一個鄉村醫生能治癒天花，有的還說接種牛痘會像牛一樣長出牛尾巴，甚至像公牛一樣眼睛斜起來看人⋯⋯

面對無情的誹謗和攻擊，琴納不但沒有動搖，反而更加堅信不疑。真理終究會被人們所接受，1801年，接種牛痘的技術逐漸被歐洲人所認同。這時英國政府終於

承認琴納的發現有重要價值，在倫敦建立新的研究機構——皇家琴納學會，由琴納擔任主席。在這裡，琴納將全部精力投入研究工作，直到1823年逝世。世界因為琴納而永遠地脫離了天花的魔掌。

　　1977年10月26日，聯合國衛生組織在索馬里發現最後一例天花後，這些年在世界各地從沒有發現一例天花病人。

　　1980年，聯合國曾在奈洛比莊嚴宣告：「天花已經在世界上絕跡。」同時，世界衛生組織特設立1000美元的懸賞，只要發現一例天花病患者，就可得到這筆獎金。當然，至今也沒有人領取這筆獎金。這個肆虐幾千年的惡魔終於從人類的視野裡消失了。

氏滅菌法是怎麼回事

1864年，作為法國經濟命脈的釀酒業正面臨嚴峻的形勢，很多葡萄酒、啤酒常常因變酸而被倒掉，造成了巨大的損失。酒商們叫苦不迭，有的甚至因此而破產。

在這種危急時刻，拿破崙三世皇帝再也不能眼睜睜地看著這種巨大的損失繼續發生下去了。他決定讓著名的生物學家巴斯德想辦法挽救這一損失，於是就要求巴斯德對這種威脅釀酒業的「疾病」開展調查和研究。

為此，巴斯德到阿波斯的一個葡萄種植園去研究這個問題。

根據在里爾研究時積累的經驗，巴斯德很快找出了使葡萄酒變酸的罪魁禍首——桿菌。接下來的問題就是要想辦法消滅這些桿菌同時必須保證不破壞葡萄酒的風

味。於是，他開始了實驗。

　　巴斯德把封閉的酒瓶放在鐵絲籃子裡，泡入水中加熱到不同的溫度，試圖既殺死桿菌，又保持酒的口味。就這樣，經過反覆多次的試驗，巴斯德終於找到了一個簡便有效的方法：只要把酒放在60℃度左右的環境裡，保持半個小時，就可殺死酒中的桿菌。

　　後來，巴斯德還把這種方法應用到防止其他酒類和牛奶變酸等領域，也取得了成功。這就是著名的「巴氏滅菌法」。這個方法至今仍在世界上被廣泛使用。

瘧 疾的剋星——奎寧

奎寧，又葉金雞納鹼，是大名鼎鼎的治療瘧疾的特效藥。奎寧是一種白色的粉末，味道很苦，因此，人們常常把它製成藥丸，外頭穿上一件「糖衣」，或者穿上一件透明的「衣服」——糯米紙。

在16世紀，歐洲人剛剛發現新大陸——美洲不久，大批大批的歐洲殖民者就湧向美洲，這些人都想到那裡發橫財。然而，讓他們感到意外的是，一到了那裡，一種可怕的疾病——瘧疾，卻常常奪走了許多人的生命。不久後，他們就發現了一件奇事，那就是，長期生活在那裡的印第安人，卻很少因得瘧疾而死亡。

這個謎到了1638年才被解開，當時西班牙駐祕魯總督欽洪的妻子，得到了可怕的瘧疾。在生命危險的時刻，一位祕魯的印第安人醫生，把她從死亡線上救了下

來。

　　他用一種歐洲人所不知道的、奇妙的樹皮，治好了
總督夫人的病。此後，又有許多人也被這種神奇的樹皮
救活了。為了紀念這件事，歐洲人把這種奇妙的樹皮叫
做「奎寧」或「金雞納」，意思就是「戰勝瘧疾」。

　　後來奎寧樹皮能治療瘧疾的事引起了德國化學家們
的注意。他們經過近30年的研究，在1820年，終於從奎
寧樹皮中提取出一種白色的生物鹼——「金雞納鹼」
（即奎寧），奎寧樹皮之所以具有治療瘧疾的本領，便
是含有它的緣故。

　　這樣，人們開始從奎寧樹皮中，提取出純淨的金雞
納鹼，來作為治療瘧疾特的效藥。金雞納鹼的產量，迅
速地增加到每年生產50萬公斤！

　　可畢竟奎寧樹皮有限，所以人們又經過多年研究，
終於能夠人工合成「金雞納鹼」，滿足了人們對這種物
質的需要。

發電的人體能源

在對生物能源的開發利用方面，科學家已能用生物工程技術將植物纖維素轉化為酒精燃料，還能利用生物體發電製成「生物電池」。科學家還發現，人體上也具有生物能源，而這種人體能源也是可以利用來發電的。

法國的一家房地產公司在修建公寓時，就在公寓入口的門廊處安裝上履帶式能量收集器，當人從上面走過時，就可將人走路時產生的能量收集起來，轉換成電能供夜間路燈照明用。美國的一家超級商場則更先進，他們在商場入口處的轉門下面安裝了一套能量收集轉換蓄電裝置，顧客進進出出推動轉門時發出的「力」（能量）全都被收集起來轉化為電力，然後作為商場的電梯、電扇、照明用電的電源。

除了「力量」可以收集外，人體每天散發出的熱量也可能被收集利用。科學家測算出，如果把一個人身上24小時內散發掉的熱量收集起來，可以把相當於這個人體重的水從0℃加熱到50℃。於是，一些科學家就開發起人體熱能來。

　　美國一家電信公司建了一座辦公大樓，3000多公司員工在大樓裡上班，而大樓每月向電力公司購買的用電量卻比同等規模的辦公大樓少得多。

　　原來，這座大樓有自己的特殊「電源」。大樓裡的各個房間的牆壁內都裝有熱能吸收轉換裝置，它能把大樓裡3000多人身上散發的熱量都吸收起來，並迅速地轉換成電能儲入蓄電池，為電腦打字、辦公照明、調節室溫提供電力。

憶能夠移植嗎

隨著現代電腦晶片技術的日新月異，一些科學家試圖利用最新的晶片技術，進行人腦運動記憶的移植。1999年2月，美國亞拉巴馬大學心理科技研究中心進行了這一專案的實驗。

輸出記憶的是美國一名業餘體操運動員西尼爾。他曾經獲得全美大學生體操賽的冠軍。他不僅平衡能力極佳，而且有良好的動作記憶能力，能記住大量的體操動作。輸入記憶的是名因車禍損害了大腦平衡器官的中學生凱利。愛好運動的他，受傷後一下子變得站立不穩，動作不協調，甚至連走路時身體都歪歪扭扭。

這次實驗使用的晶片，品質已大大提高，體積縮小不少，電能的控制也好得多。因此，實驗室主任格羅夫納感到成功的把握更大了。

手術進行得很順利。神智與體力恢復正常後，凱利就想起床了，他的動作果然協調多了，和以前步履不穩的樣子，簡直判若兩人！

　　「您是不是會許多體操動作？」格羅夫納不失時機地問。

　　於是專家們將他帶到一塊大草坪上。凱利以優美的動作，伸展了幾下腰腿。接著，他跑了幾步，縱身一跳——呵，一個漂亮的空中翻滾。成功啦！格羅夫納緊緊擁抱著凱利，激動得熱淚盈眶……

　　可是，僅僅過了幾天，凱利的運動記憶就迅速減退。一星期後，他覺得自己已經不會任何體操動作了。不過，他平時動作的協調性仍然比以前好得多。這是因為晶片的電能正在慢慢耗盡。最後，為了凱利著想，格羅夫納在晶片電能還沒耗完時取出了晶片。因為電能一旦耗盡，晶片就無法取出了。晶片取出後，凱利又和以前一模一樣了。這場記憶移植的實驗就這樣結束了。遺憾的是當時沒有及時用攝影機拍下移植晶片後的凱利。

科學實驗室·實驗一
聽診器

　　醫生在給病人做檢查的時候常會用聽診器，你想自製一個簡易聽診器嗎？

▶ 你需要準備的材料

　　2個漏斗，一段橡膠管。

實驗步驟

一、將2個漏斗用橡膠管連接起來，保持密封。

二、將一頭貼到小朋友的胸口，在另外一頭你可以清晰地聽到「咚咚」的心跳聲。

實驗大揭祕

　　人體內部器官發出的聲波擴散開來，就變得非常小，就算你和朋友站在一起，也沒法聽到他的心跳聲，而漏斗的作用就是將心跳的聲波彙集起來，然後沿著橡膠管朝前運動，這樣你就能聽到心跳聲了。

　　世界上第一個聽診器的發明距今已有一百多年的歷史。一名叫雷內克的醫生透過小孩的遊戲觸發了靈感，從而發明了最早的聽診器。

　　雷內克醫生又做了許多實驗，最後確定，用喇叭形的象牙管接上橡皮管做成單管聽診器，效果更好。

　　單管聽診器誕生的年代是1814年。由於聽診器的發明，使得雷內克能診斷出許多不同的胸腔疾病，他也被後人尊為「胸腔醫學之父」。

削過皮的蘋果

削過皮的蘋果會變成褐色，這是為什麼呢？

▶ 你需要準備的材料

蘋果，水果刀，一片維生素C。

一、將蘋果切成兩半，切面朝上放置，一面放上維生素C的粉末，另一面保持不動。

二、觀察兩片蘋果的切面顏色有何不同。發現沒撒維生素C的蘋果的切面變成了褐色，而撒了維生素C的那一片切面顏色不變。

當水果的果肉暴露在空氣中的時候，水果破損的細胞中的化學物質會與空氣中的氧發生氧化反應。這種氧化反應會永遠改變水果的顏色和味道，但是如果撒上維生素C，果肉將會與氧氣隔開，這樣果肉就不會改變顏色。

近代研究顯示維生素C對人體健康至關重要：

　　膠原蛋白的合成需要維生素C參加，所以維他命C缺乏，膠原蛋白不能正常合成，導致細胞連接障礙。人體由細胞組成，細胞靠細胞間質把它們聯繫起來，細胞間質的關鍵成分是膠原蛋白。

　　膠原蛋白占身體蛋白質的1/3，生成結締組織，構成身體骨架。如骨骼、血管、韌帶等，決定了皮膚的彈性，保護大腦，並且有助於人體創傷的癒合。

科學實驗室・實驗三
蚊蟲的叮咬

夏日的時候，蚊蟲總是特別的多，有什麼小訣竅來止癢呢？

▶ 你需要準備的材料

肥皂水，清水，毛巾。

實驗步驟

一、被蚊蟲叮咬後，先用毛巾蘸取清水擦拭。

二、在紅腫處塗上肥皂水，你會發現不癢了。

實驗大揭祕

蚊蟲叮咬人之後，皮膚會紅腫，然後感覺很癢，這是由於蚊蟲給皮膚注射了蟻酸進去，所以特別的不舒服，肥皂水是鹼性的，擦在皮膚上以後可以中和蟻酸的酸性。

科學小常識

　甲酸，又稱作蟻酸。螞蟻分泌物和蚊蟲的分泌液中含有蟻酸，當初人們蒸餾螞蟻時製得蟻酸，故有此名。

　甲酸無色而有刺激氣味，且有腐蝕性，人類皮膚接觸後會起泡紅腫。熔點8.4℃，沸點100.8℃。由於甲酸的結構特殊，它的一個氫原子和羧基直接相連。也可看做是一個羥基甲醛。

　因此甲酸同時具有酸和醛和性質。在化學工業中，甲酸被用於橡膠、醫藥、染料、皮革種類工業。

8

恐龍為什麼會滅絕
——有趣的生物謎題

恐龍為什麼會滅絕

在七千萬年以前，我們地球是恐龍的世界。牠們自由自在地生活在遼闊的地球上，沒有什麼東西敢與牠們為敵。

但是厄運還是在某一天降臨了，這一天，恐龍們有的在悠閒地散步，有的在悠閒地吃著草，有的還在為爭奪食物而大打出手……可所有的一切只在瞬間就被徹底毀滅了，以至於今天我們要想看看牠們也只有從古化石中去領略。

對於恐龍的滅絕，人們曾有過種種猜測和探索，有人認為，7000萬年前，比恐龍更高等的哺乳動物已大量存在，牠們對外界環境的適應能力及生活能力都比恐龍強，尤其是這些哺乳動物常以恐龍蛋為食，在相互的生存競爭中，其他的哺乳動物占了上風，於是恐龍逐漸走

向消亡。還有人認為，中生代四季長春，氣候溫暖，適宜恐龍生息繁衍，後來整個地球變冷，恐龍的皮膚裸露，沒有保暖的羽毛，同時由於腦量太小，行動遲緩，又不能向其他小型爬行動物那樣挖洞穴居、冬眠禦寒，因此走向了滅絕。還有人從大陸漂移學說出發提出，在恐龍生存的時代，地球上的大陸還只是完整的一大塊，氣候溫和，四季如春。後來，大陸開始發生漂移，導致造山運動、地殼變化和氣候的變化，裸子植物逐漸消亡，春華秋實的被子植物成為主導，食物的短缺及氣候變冷，使恐龍迅速走向消亡。

也有人提出，在6500萬年前，曾有一顆小行星墜落地球，引起大爆炸，使大量的塵埃拋入大氣層，形成了遮天蔽日的塵霧，地球上的生態系統遭到破壞，恐龍也隨之消失了。關於恐龍滅絕的原因，說法可以說是多種多樣，而且從某個角度看，似乎都有一些道理，但每一個說法經嚴格推敲起來，又都有許多漏洞，都屬於假說，因此恐龍的滅絕原因還有待於進一步去研究。

鯊魚為什麼不會得癌症

　　「癌症是人類健康的大敵，也是人類至今沒有攻克的絕症之一。許多動物也會患上癌症，但有一種動物，不僅自身不會得癌，而且即使在實驗中向其注射大劑量的化學致癌物質，也不會讓它形成腫瘤。」這種動物就是鯊魚。

　　有些科學家猜測，可能是鯊魚體內大量的維生素A對防癌有巨大的保護作用；也有科學家認為，鯊魚不會得癌的原因在於牠們的體內含有一種特殊的活性酶，而其他動物體內的這種活性酶已在進化過程中消失了。

　　鯊魚為什麼不會得癌的這個問題，實際上是一個很重要的科研課題，人類一旦找到這個問題的答案，將使人類受益無窮。

　　實際上，就像對所有未知事物的認識一樣，人們對

鯊魚的認識也是一個循序漸進的過程。比如,過去人們一直把鯊魚看作是一種性情很兇狠殘暴的動物,但經研究發現,體形最大的鯨鯊和居其次的姥鯊性情都極溫順,居然以細小的浮游生物為食,口中連牙齒都沒有。

　過去人們認為鯊魚視力很差的看法被逐步證明是錯誤的,實際上鯊魚對光線的敏感度超過人類10倍。

　因此,我們滿懷信心地期待著人們最終能釐清鯊魚不會得癌的真正奧祕所在,為人類的健康做出貢獻。

魚為何集體「自殺」

深海裡的鯨魚突然集體上岸不再回到海裡，這樣的事情常有發生。1976年，美國佛羅里達州的海灘上，突然有250條鯨魚游入淺水中，當潮水退下時牠們被擱淺在海灘上，鯨魚缺水很快就會死掉。

為了阻止鯨魚這種自殺行為，美國海岸警衛隊員們帶領數百名自願救鯨者用消防水管向鯨魚噴水，想以此延緩牠們的生命，有的人則開來起重機，試圖把鯨魚拖回大海，但因鯨魚太重，反而拖翻了起重機。

這些方法都失敗了，鯨魚最終還是死在了海灘上。

但到底為什麼鯨魚要擱淺自殺呢？對此眾說紛紜，但大多數的人都認為是和海豚相似，與牠們的回音定位系統有關。

鯨魚辨別方向靠的不是眼睛，因為一頭巨鯨的眼睛

只有一個小西瓜那樣大，而且視覺極度退化，一般只能看到17米以內的物體。為了生存，鯨魚發展出了一種高靈敏度的回音測距本領。

牠們能發射出頻率範圍極廣的超音波，這種超音波遇到障礙物即反射回來，形成回聲。鯨魚就根據這種超音波的往返來準確地判斷自己與障礙物的距離，定位的誤差一般很小。

鯨魚為了追捕魚群而游進海灣，當鯨魚靠近海邊，向著有較大斜坡的海灘發射超音波時，回音往往誤差很大，甚至完全接收不到回音，鯨魚因此迷失方向，從而釀成喪身之禍。這個解釋是對鯨魚自殺現象最為貼切的一種。但是，並不是所有的鯨魚都會受到干擾，所以，也有人認為是環境污染造成了鯨魚自殺，那些被化學物質污染了的海水，擾亂了鯨魚的感覺。

透過對自殺鯨魚的解剖，科學家們發現，絕大多數死鯨的氣腔兩面紅腫病變，因此他們認為導致鯨魚擱淺的原因可能是由於其定位系統發生病變，使牠喪失了定向、定位的能力。鯨魚是戀群動物，如果有一頭鯨魚衝進海灘而擱淺，那麼其餘的就會奮不顧身地跟上去，以致接二連三地擱淺，形成集體自殺的慘劇。

而美國拉斯帕爾馬斯大學獸醫系胡德拉教授倫敦大學生物系西蒙德斯教授則認為鯨魚集體自殺是由於水下

爆炸、軍艦發動機和聲納的噪音引起的。他分析了一系列的鯨魚集體自殺事件，證實了這一點。

如1989年10月，24頭劍吻鯨衝上加那利群島沿岸的淺灘，當時該群島附近海域正在進行軍事演習。1985年，在海上進行軍事演習時12頭鯨魚衝上海灘。1986年4頭鯨魚衝進蘭索羅特島擱淺，另兩頭鯨魚衝上附近一座島嶼的淺灘，其間這兩個島嶼海域正在進行海軍演習。此外，成群鯨魚擱淺於委內瑞拉沿岸時，剛好附近也正在進行水下爆炸。

法國海洋哺乳類動物研究中心的科列德博士也同意這一點。他認為鯨魚擁有能在海洋深處定向、定標的發達的定位系統，而軍艦聲納和回聲探測儀所發出的聲波及水下爆炸的噪音，會使鯨魚的回音定位系統發生紊亂，這是導致鯨魚集體衝上海灘自殺的主要原因。

對鯨魚的自殺之謎，種種猜測各有各的道理，人們還在進行著更進一步的分析和判斷，在做出精確定論之前，人們只能想盡辦法將擱淺的鯨魚拖回大海，以挽救牠們的生命。

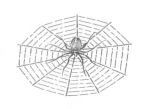

象的墓地在哪裡

　　自古以來就有一種傳說：年老的大象在預知自己將要死去的時候，就會主動離開象群，獨自跑到密林深處一個神祕的處所，靜靜地等待著死亡。

　　可以想像一下，如果這個傳說是真的的話，那麼在密林深處的大象墓地裡，肯定遺存下了許多象牙象骨。

　　因為象牙是用來製造高級工藝品的珍貴原料，售價昂貴，所以，在偷獵大象成風的非洲，許多人幻想著，按照這個傳說，終有一天能夠找到大象的墓地，發一筆意外之財。

　　前蘇聯探險家布加萊夫斯基兄弟，就追尋這個傳說，前往非洲的肯雅尋覓象牙。一天，他們在一座高高的山頂上，望見了對面山上有無數白森森的動物屍骨。

　　正當他們感到奇怪的時候，一頭大象走進了他們的

視野。只見這隻大象搖搖晃晃地走到屍骨旁邊，無力地哀叫了一聲，然後就倒地不起了。

兄弟倆人非常高興，他們斷定那裡就是大象的墓地。於是兄弟倆立刻奔向那個他們夢寐以求的地方，但是他們在中途遭到了野獸的襲擊，接著又被深不可測的沼澤地攔住了去路，只好無功而返，但他們仍然堅信那就是大象的墓地。

是否存在大象的墓地，還是個懸案，但大象臨死之前行動確實反常，往往要離開象群，步履艱難地在某個地方銷聲匿跡。即使人們在動物保護區內可以偶爾看到大象的屍體，但與大象自然死亡的數量相比，是微乎其微的。

其餘死亡大象的屍骨哪裡去了呢？

物能否做夢呢

動物能否做夢呢？這是一個非常有趣的問題。長久以來吸引了科學家們的注意和研究。

有一次，一位動物學家正在非洲跟蹤考察長頸鹿的生活。

這一天，他發現一隻長頸鹿正在「呼呼」大睡，於是他就饒有興致地在一旁觀察。突然，這位動物學家發現這隻正在睡覺的長頸鹿一下子高高跳起，臉上明顯露出一副非常驚恐的表情。

這位動物學家對這種不可思議的行為感到十分驚訝。起初他還以為是周圍有什麼東西驚動了牠，但是經過四處查看後，他發現，周圍的一切都很平靜。同行的科學家們對這一現象都感到迷惑不解。

後來經過反覆分析才想到，原來，這隻長頸鹿白天

曾經受到過獅子的襲擊，差一點喪命獅爪。因此他們大膽地做了個推測，這隻長頸鹿是「日有所思，夜有所夢」，做了一個和獅子有關的噩夢。

美國科學家為了研究動物的做夢問題，曾對猴子進行了這樣的實驗：他們在一隻猴子面前放了一個螢幕，而這個螢幕上反覆出現的都是同一個畫面；每當螢幕上映出這一畫面時，科研人員就強迫猴子推動身邊的一根杠杆。

如果猴子不推，科研人員就用電棍擊牠。過了一些日子，猴子就形成了一種條件反射：每當牠看見那畫面，牠就主動去推杠杆。後來，科學家發現，這隻猴子在睡眠中也會不時地去推那杠杆。這表明猴子在睡夢中「看見」了那幅畫面。

動物為什麼能做夢呢？科學家們透過用科學儀器檢測得知，原來，動物在睡眠時，大腦也能像人腦那樣發出電波，也會做夢。

而且有的動物做夢多一些，時間長一些；有的則夢少一些，時間短一些。例如，松鼠、蝙蝠經常做夢，而鳥類則夢較少，爬行動物幾乎不做夢。

科學家認為，這可能與牠們必須隨時對天敵保持警覺，以便能夠及時逃脫有關。至於究竟是什麼原因，還有待於進一步證實。

鹿為何會變色

上課前，小春拿出一幅畫給小陽看。小陽接過畫來看了看，畫上畫的是一隻長著嫩綠色茸毛，粉紅色鹿角的小鹿。

「怎麼樣，漂亮吧？」小春看著這幅畫說。

「是很漂亮啊，但是哪有綠色的小鹿嘛。你的想像力也太豐富了吧？」小陽說。

「這你就不知道了吧，我畫的是春天的鹿。」

「照你這樣說，冬天的豈不是白的？」

「對啊，冬天就是白的，這種鹿會變色。」

小春接著就告訴小陽自己畫這種鹿的根據。原來1991年春季，中國的科學考察人員到神農架自然保護區考察時，在當地的密林裡，發現了一種十分美麗的「變色鹿」。如果從外形看牠與梅花鹿相似，也長著一對美

麗的鹿茸角。有所不同的是，牠身上的毛色能隨著周圍環境和季節的變化而變化。

在春夏之季，變色鹿的毛會變成嫩綠色，粉紅的茸，綠綠的毛，看上去油光水滑的，美麗極了；到了秋天，變色鹿的毛又變成了金黃色，紅紅的角，黃黃的毛，雍容華貴，瑰美無比；而嚴冬降臨後，變色鹿的毛色又變成了純白色，黃黃的角，白白的毛，高潔文雅，著實令人喜愛。

「怎樣？現在你知道我為什麼畫綠色的鹿了吧？」小春高興地說。

「那牠為什麼能變色呢？」小陽不解地問。

小春說：「據科學家考察說這種鹿變色的原因，肯定是為了保護自己的生存繁衍而形成的特有本領。但是變色的奧妙何在，還需進一步的觀察研究後才能解開呢！」

小陽聽後，遺憾地說：「原來是這樣，但願能早日解開這個謎底。」

被 動物撫養的孩子

1972年5月，在印度的那拉雅普爾村有一名叫那爾辛格的居民。有一天他騎單車穿過森林時，意外地發現一個大約三四歲的小男孩，正趴在地上與4隻小狼玩耍。那爾辛格隨即抓起了那個小孩，把他帶回了村裡。

這個孩子牙齒鋒利，那爾辛格的雙手被他咬得鮮血直流。可是那爾辛格並沒把這個小孩當人看待，而是把他當作賺錢的工具，讓他和狗生活在一起，每天都帶著他到處展覽、表演，使他過著悲慘的生活。人們把活的小雞投給這個孩子時，他竟馬上抓住生啃起來。

5個月之後，他才開始困難地學會了用雙腿走路。

1981年1月，他被送到一家醫院進行治療。「惡習不改」的他在醫院裡一見到地上的螞蟻，就抓住往嘴裡

塞；睡覺或休息時，他總是肚皮朝下趴著，雙臂向前伸出，雙腿伸直向後，就像一些動物睡覺時的姿勢。後來人們都叫這個小孩為「狼孩」。

1964年，有人在立陶宛又發現了一個「熊孩」，他走路搖搖晃晃，喜歡敲打樹木，經常發出咆哮，十足的熊樣；1974年，兩個「猴孩」被發現，他們像猴一樣跑跳、爬樹，並且只吃香蕉……

這些小孩因為很早就脫離了人類，而較長時間與狼、熊、猴等野獸共同生活，所以他們的習性變得更像與他們共同生活的野獸。當回到人類社會以後，儘管有慢慢地往「人性」方面發展的可能，但由於心理上、生理上發育的最好時期已被錯過，很顯然，他們在各方面仍顯得比一般兒童落後。那麼，人類是如何被兇猛的野獸撫養成「獸」的呢？科學家們經過不斷地研究發現，撫養人孩的野獸一般都是雌性。

因此，就有人猜測，也許是小獸出生不久就死了，母獸的乳汁無法排出，脹得難受，碰巧遇到被遺棄的人類小孩，於是就讓他吸乳汁。但事實卻是，有的母獸在「領養」人類小孩的同時，還哺育自己的小獸，由此看來，乳汁多到「脹得難受」的說法是不能讓人信服的。

動物撫養人類的「動機」何在？是出於本能還是另有意圖？要揭開這個謎底，恐怕還要等待。

狸的「追悼會」

人都知道狐狸刁鑽狡猾、詭計多端，但是狐狸同仇敵愾、兄弟情深的一面也頗讓人感動。曾經有一隻狐狸的死引發了全體狐狸的震怒與憤恨。為紀念這隻狐狸，牠們還特地舉行了一場隆重的「追悼會」。

那是20世紀50年代初期的一個冬天，廣西某鄉一個青年獵手在山間打得一隻周身通紅的狐狸。回家剝了狐皮之後，將狐肉煮熟招待全村人。

飯後，時至傍晚，兩個鄰村的姑娘準備回家，但是剛走到村口，兩個姑娘就嚇得面無血色，上氣不接下氣地跑回村裡，大聲叫喊：「狐狸來了……」

青年獵手見兩個姑娘如此狼狽，就說了句「膽小如鼠」，然後背了支獵槍走出家門，邊走邊說：「來了，

再打兩個，就夠做一件全毛大衣了。」眾人也都一起跟了出來。

等人們走到村邊時，全都被眼前的景象嚇壞了，只見幾百隻狐狸把村子團團圍住。村民們誰都沒有見過這種陣勢，一時都嚇得心驚膽戰，後來，有些人回過神來，忙不迭地叫著：「快把那張狐狸皮還給牠們……」

青年獵手看到眼前的景象無奈地取下狐皮向遠處扔去，頓時，所有的狐狸都圍攏上來，形成一個內徑五六米的圓圈，牠們一個個站在那裡垂頭喪氣，沒有一點喧鬧聲。

人們趕緊跑回家中從門縫和窗洞朝外張望，他們都認為是大禍即將臨頭，所以個個嚇得面如土色。

不多時，這群狐狸又都一齊低下頭，靜靜地站了約有一兩分鐘，然後伴隨著一聲尖厲的叫聲，那張狐狸皮被一隻花狐狸叼起，在這群狐狸的簇擁下離開了村莊。從此，這個村子附近再也看不見有狐狸出沒的蹤跡了，而村民們也不敢再打狐狸取皮做大衣了。

在狐狸家族裡，親情可謂是至高無上的。一旦有狐狸遭到不幸，全體狐狸將會傾巢而出。但是狐狸開追悼會這種事，科學家們還需進一步研究。

「計劃生育」的兔子

進入20世紀之後，人類開始實行計劃生育才進入規範狀態，而作為低等動物的兔子，似乎很早就懂得了自我控制種群膨脹繁殖的道理和辦法。

兔子可算是一種繁殖能力很強的動物，每年的3月初到8月底是牠們的生育期，平均28天生一胎，約產6隻小兔，6個月中能懷胎7次，每隻雌兔每年可生42隻小兔。如果有36隻母兔，一年後就會增加到512隻，三年後增加到8522000隻，五年後可達到48000000隻，而世界上又豈止36隻母兔，照此算來，不要多久，這個地球就會被兔子擠滿。

但是人們從來沒擔心過這種事情，因為，真正存活下來的小兔不會超過原有母兔的一半，兔子為了適應自然，自覺地實行了「計劃生育」。

從每年的1月份開始，兔子們就會進行優勝劣汰的比賽，每個野兔家族都要在晚上進行等級爭奪戰，雄兔和雌兔分成兩組各自進行，捉對廝殺，在雄兔中產生出一位國王，在雌兔中產生出一位王后，組成兔子王國。

　兔子王國中的等級是很嚴格的，遇有饑荒時，最下等的兔子必須離開王國，外出逃荒，或凍死、餓死。另外，作為王后的母兔，除了與兔王交配外，往往不能與其他公兔交配，而其他母兔交配出生的子女，只許產在不安全的洞口附近，經常受到其他野獸的襲擊，在王國內成員過剩的時候，還可能被其他母兔弄死。

　但是最令人困惑的是，作為最低等的雌兔，儘管也有交配權，奇怪的是牠們在懷孕幾天後，受精卵就自動化為了液體，無法形成胎兒，這樣就大大減少了兔子的出生數量，但至於其中的原因，卻還是一個謎。

噬人鯊為何要「口下留情」

噬人鯊是海洋魚類中公認的暴君，牠體格健壯，牙齒鋒利無比，而且還有一個功能極佳的肚子，牠不需要每天吃東西，經常三四天才飽餐一頓，因為在噬人鯊的肚內，有一個儲存食物的「口袋」，可以儲存三四十條一斤多重的魚，當牠覺得餓的時候，就會把食物從袋中轉移到胃裡，因此，即使在牠吃飽的時候，獵物也照樣會被牠吞食下去儲存起來。族裡的一些魚啊蝦啊的都很怕牠，不敢近前。

但是，許多魚兒們都感到迷惑不解的是，如此兇殘貪食的大鯊魚，在水裡游動時，身邊竟還有許多小魚敢跟著牠前呼後擁的，這些小魚身上都帶著美麗的條紋，像是牠的侍從，絲毫不擔心被噬人鯊一口吞掉。

魚兒們想不明白，又不敢近前去打探詢問，無奈之

下牠們就求助於一些從事海洋研究的科學家。有些科學家認為，這些小魚跟在噬人鯊後面，是為了吃些鯊魚剩下的殘渣剩食。

但科學家們後來又研究發現，這些魚都是自己去找食物的。於是又有人猜測，這些小魚之所以和噬人鯊為伴，可能是為了借著大鯊魚的威猛，而躲避其他敵害的襲擊。

這頗有些狐假虎威的架勢！但最令人奇怪的還是，貪婪吞食其他魚類的噬人鯊為什麼能對身邊的這些小魚表現得十分友好，無論饑餓與否，都不去吞食身邊的小魚，而這些小魚也對噬人鯊十分放心，堅定不移地緊跟。

儘管我們人類都想知道這個祕密，但是至今仍然沒有一個合理的解釋。

不用餵罐罐
趣味 生物 就能知道的
故事

科學實驗室・實驗一
巧分生蛋和熟蛋

兩個雞蛋，不能敲開，你能分辨誰生誰熟嗎？

▶ 你需要準備的材料

1個煮熟的雞蛋，1個生雞蛋。

實驗步驟

一、將2個雞蛋放在平整的桌面上。

二、將雞蛋在桌子上向著同一個方向旋轉，旋轉時，晃動而且轉速較慢的就是生雞蛋，轉的又穩，轉速又快的就是熟雞蛋。

實驗大揭祕

生雞蛋裡面的蛋黃和蛋白都是液體，旋轉時，蛋殼旋轉了，蛋黃和蛋白由於慣性的作用，仍然要保持原來的靜止狀態，所以這種不協調使得雞蛋晃動起來。而熟雞蛋裡，蛋黃，蛋白都凝固成了固體，於是和蛋殼一起旋轉，因此它能轉的又穩又快。

科學小常識

一切物體都有慣性，物體在沒有受到外力時有保持原來狀態的趨勢。這就是慣性定律。

身體的柔韌度

身體的柔軟度是可以鍛煉的，做下面的遊戲你就知道了。

▶ 你需要準備的材料

空曠的場地。

一、讓孩子雙腿併攏，膝蓋伸直，身體向前傾，雙手和頭部朝地板下壓。

二、觀察第一次孩子手尖能碰到什麼位置，然後讓孩子一邊呼氣，一邊彎腰持續做這個動作。孩子會驚奇的發現手能接觸的位置比第一次低得多。

🔍 實驗大揭祕

人在呼氣的時候，全身的肌肉和韌帶會相應放鬆，而且持續做這個動作，韌帶被拉伸，於是孩子能伸手伸到第一次伸不到的位置。

瑜伽特別能鍛鍊人身體的柔韌性。它起源於印度，距今有五千多年的歷史文化，被人們稱為「世界的瑰寶」。

瑜伽發源於印度北部的喜馬拉雅山麓地帶，古印度瑜伽修行者在大自然中修煉身心時，無意中發現各種動物與植物天生具有治療、放鬆、睡眠、或保持清醒的方法，患病時能不經任何治療而自然痊癒。於是古印度瑜伽修行者根據動物的姿勢觀察、模仿並親自體驗，創立出一系列有益身心的鍛鍊系統，也就是體位法。

這些姿勢歷經了五千多年的錘鍊，瑜伽教給人們的治癒法，讓世世代代的人從中獲益。

科學實驗室·實驗三
有花紋的樹葉

　　想讓樹葉上有漂亮的花紋嗎，那就做下面的這個實驗吧！

▶ 你需要準備的材料

　　大葉植物，紙，迴紋針，小刀。

實驗步驟

一、把紙裁成1公分寬的小紙條，然後用迴紋針固定在植物的葉子上。（注意動作要輕些，不要把植物的葉子弄壞了）

二、幾天後，拆掉葉子上的小紙條，便會發現葉子上出現了一條條深淺不一的紋路。

實驗大揭祕

　　植物在陽光的照射下才能產生葉綠素。植物上被紙條包裹住的那些部分不能產生葉綠素，所以就變成了淺色。在做這個實驗的時候，可以把紙剪成不一樣的形狀，葉子上就會出現不一樣的圖案。同樣的道理，在蘋

果上貼上紙條或者是文字，一段時間以後，上面也會出現同樣的效果。

印有「福」字的水果，不僅味道一樣鮮美，而且美觀吉利，是大家過年過節都會買的佳品。

讀好書品嚐人生的美味

不用餵罐罐就能知道的趣味生物故事